TEMA 16

EL MODELADO FLUVIAL, COSTERO Y GLACIAL. LAS AGUAS SUBTERRÁNEAS. LOS IMPACTOS EN LAS COSTAS.

I0483894

0. INTRODUCCIÓN

El agua, en sus diferentes fases, genera un modelado del relieve característico que, según la geología de cada zona, podrá generar unos resultados especiales. En cada una de estas condiciones generará unas morfologías del relieve características. En este tema veremos estas principales morfologías, así como los impactos humanos que se ejercen sobre ellas.

Su estudio se hace muy interesante de cara a la aplicación práctica que éste tiene en la vida cotidiana del hombre, haciéndose este responsable de las alteraciones que se puedan producir en el medio.

Cabe decir que se trata de un tema muy amplio, que incluye diferente sistemas morfoclimáticos. Por esta razón, nos ceñiremos a los aspectos más relevantes de cada uno, excusando la ausencia de otros aspectos secundarios.

Para la exposición de este tema seguiré el siguiente orden...

(es muy conveniente exponer con claridad, aquí al principio, el orden que se va a seguir, leer el índice de una forma ágil)

1. EL MODELADO FLUVIAL

Los ríos son el principal agente del modelado en las zonas templadas, aunque su acción también puede llegar a ser importante en zonas semiáridas y periglaciales. Veamos, a continuación, los aspectos más relevantes con respecto a este tipo de modelado.

1.1. Las cuencas hidrográficas

Una **cuenca hidrográfica** es la zona del territorio drenada por un río de manera natural.

Todas las zonas por donde discurren las aguas de un valle se llaman **redes de drenaje**; éstas están separadas de otras redes por los **interfluvios**, siendo el punto más elevado de éstos las **divisorias de aguas**. Finalmente, toda la zona que alimentan las aguas de un río se llama **cuenca hidrográfica** de ese río. El análisis del trazado de las cuencas nos puede dar también información sobre la estructura general del terreno.

Los ríos son cursos continuos de agua encauzada. Su acción geológica depende de la pendiente del terreno, del caudal y de la naturaleza del material por donde discurren. Existen en toda la superficie terrestre excepto en los desiertos y en las zonas glaciares.

Se pueden distinguir tres zonas en el cauce de un río con respecto a la distancia a su nacimiento:

- **Cauce alto**. Es una zona de alta pendiente y, por tanto, donde predomina la erosión.

- **Cauce medio**. Zona de menor pendiente; predomina el transporte.

- **Cauce bajo**. La pendiente es menor; predomina la sedimentación.

A lo largo del tiempo, un río también evoluciona y puede pasar por una serie de etapas:

- **Etapa de juventud**. predomina el poder erosivo, las cascadas, rápidos, cañones, gargantas y valles en V.

- **Etapa de madurez**. el perfil del río está más nivelado; existe un lecho de inundación con meandros. La forma de V se cambia por la de U extendida.

- **Etapa de salinidad**: existe una gran llanura con una desembocadura al final. El cauce suele estar limitado lateralmente por muros de contención llamados **levées** formados frecuentemente por limos y arcillas.

1.2. Dinámica fluvial

En su recorrido, un río va arrastrando las partículas que encuentra a su alrededor. Estas mismas partículas van meteorizando las rocas que encuentran a su paso. El transporte se puede realizar de diferentes maneras: *saltación*, *suspensión*, *reptación*, *disolución* o *flotación*. Cuando la capacidad de transporte disminuye, el río deposita el material que transportaba generando las formas sedimentarias típicas.

En cada punto de su recorrido, el río tiende a profundizar su cauce para aproximarse al nivel base, cosa que no llegan a conseguir al tener que utilizar parte de su energía para vencer el rozamiento. En el perfil de equilibrio, el río no realizaría ningún tipo de erosión e invertiría toda su energía en vencer el rozamiento, por lo se obtendría un perfil cóncavo, con mayor pendiente en la cabecera y menor en la desembocadura.

A lo largo del tiempo, los ríos pueden llevar a cabo una **acción remontante**. Ésta se lleva a cabo en la parte alta de un río, donde se produce una erosión hacia la cabecera que puede llegar a atravesar la divisoria de aguas y capturar a otro río. Cuando sucede esto se observan **codos de captura** con ángulos cercanos a los 90°. Un ejemplo de esto lo podemos ver en el nacimiento del Guadalquivir que ha capturado al Segura, o en el Jalón que ha capturado al Jiloca cerca de Catalayud.

Si durante la evolución de un río el nivel base desciende (baja el nivel del mar, por ejemplo) se produce un **rejuvenecimiento** del río: se ahonda el cauce, aparecen nuevos cañones, meandros encajados… No obstante, el río tiende, por lo general, a alcanzar su **perfil de equilibrio**, que sería la relación *ideal* de alturas del río en relación a su distancia a la desembocadura, de manera que en todo su trayecto no se produce erosión ni sedimentación, sino sólo transporte.

1.3. Morfología fluvial

Los ríos generan formas típicas de erosión y depósito que caracterizan la morfología del relieve por donde pasan.

Entre las formas de erosión más características destacamos:

- **Cárcavas**. Son acanaladuras de poca profundidad (centimétricas).

- **Lapiaces y lenares**. Aunque sean típicos de los procesos kársticos, muchas veces también se encuentran asociados a procesos fluviales.

- **Torrentes**. Con sus tres partes típicas: cuenca de recepción, canal de desagüe y cono de deyección.

- **Cascadas**. Son saltos de agua, generalmente, en sustratos duros. En su evolución dan lugar a los **rápidos**.

- **Meandros**. Se trata de las curvaturas que hace un río en las zonas llanas.

- **Cañones**. Son tajos o canales que abre el río para atravesar una montaña.

- **Terrazas**. Son una especie de escalones que, a veces, se observan a lado y lado del curso central de un río. Dan una idea de por dónde iba el curso del río en el pasado.

Entre las formas de depósito fluviales más características, destacamos:

- **Deltas**. Son depósitos de sedimentos en la desembocadura de un río. Se generan cuando las corrientes costeras no son muy fuertes.

- **Estuarios**. Son depósitos en las desembocaduras de los ríos, menores y, en ocasiones inapreciables, que se producen cuando las corrientes costeras son más fuerte.

- **Llanura aluvial**. Se trata de la llanura (con poca pendiente) por donde discurre un río. Los sedimentos se depositan cuando hay una crecida que hace desbordar al río.

- **Barras de arena fluviales**. En los cauces bajos de un río, en ocasiones, se observa la presencia de unas acumulaciones alargadas dentro del río. Se trata de depósitos fluviales que se llaman barras.

2. EL MODELADO COSTERO

El mar también ejerce una notable función en el modelado de las zonas costeras. Veamos algunos de los aspectos más relevantes sobre este tipo de morfologías.

2.1. Dinámica y acción geológica del mar

En el modelado de las costas influyen diversos factores dinámicos como los que siguen:

- **Olas**. Son ondas oscilatorias del agua formadas por fricción del viento sobre la superficie del mar. Si la profundidad disminuye, la ola acaba rompiendo. Es rotura tiene dos movimientos, flujo y reflujo, lo que provoca la erosión de la costa por el continuo golpeteo de las partículas.

- **Mareas**. Son movimientos en el nivel medio del mar causados por la atracción del Sol y la Luna sobre el agua del planeta. Son *máximas* en las sicigias es decir, cuando la Luna, la Tierra y el Sol se encuentran en línea recta, y *mínimas* en las cuadraturas cuando estos tres astros se encuentran en línea recta. Son mayores en mares abiertos y menores en los cerrados y pequeños, pues hay menor volumen de agua. Se llama **pleamar** cuando se encuentran en su nivel máximo y **bajamar** cuando alcanzan su altura mínima. Según la oscilación que llegan a tener, se pueden distinguir tres tipos:

  - Micromareas: entre bajamar y pleamar hay una oscilación menor a 2 metros, como ocurre en el Mediterráneo.

  - Mesomareas: oscilación entre 2 y 4 metros; en España ocurre en Galicia y en el Cantábrico.

  - Macromareas: oscilación mayor de 4 metros; son frecuentes en el Atlántico Norte.

- **Corrientes**. Son flujos constantes de agua unidireccionales. Pueden ser oceánicas o litorales, estas últimas de mayor acción geológica. Su origen se debe a diversos factores como:

  - rotación de la Tierra.
  - diferencias de densidad en el agua.
  - vientos.

2.2. Morfología costera

Observando la morfología de las costas, vemos una serie de estructuras típicas generadas por las aguas marinas.

Veamos, en primer lugar, las **formas erosivas** más características. La fuerza erosiva del mar genera unas estructuras típicas. En las zonas con grandes pendientes se forman **acantilados**, que son erosionados en su base por las olas. Los cantos que se desprenden son removidos y gastados formando **plataformas de abrasión**. En zonas con relieve más suave se forman **playas** y **terrazas de acumulación** por debajo del nivel del mar.

La acción química del agua del mar acelera el poder erosivo formándose cuevas, arcos, islotes... según la resistencia de los materiales. La estructura también es importante en la morfología final de la costa: si los estratos son verticales, se formarán acantilados; si son deleznables se formarán bahías, ensenadas, playas.

A continuación, se produce un transporte y una sedimentación que puede darse en un lugar cercano o lejano a la zona de donde se ha erosionado. El oleaje y las mareas tienden a llevar material hacia tierra firme, pues el flujo de las olas tiene mayor fuerza que el reflujo; esto se debe, en parte, a que una porción de agua es arrastrada a la costa por arriba, mientras que la vuelta la infiltrándose por la arena. Entre las formas más típicas de sedimentación costera encontramos:

- Deltas.
- Barras de arena.
- Flechas litorales.
- Tómbolos.

También pueden existir algunos tipos especiales de costas como son las **costas de arrecifes coralinos**. Se dan en mares cálidos, con poca sedimentación, abundante oxígeno y aguas limpias y poco contaminadas. En estas condiciones crecen con asombrosa exuberancia los corales, llegando a formar enormes barreras coralinas. Las estructuras carbonatadas que forman pueden ser de diferentes tipos:

- **Arrecifes costeros.** son arrecifes unidos a la costa.

- **Arrecifes barrera.** se forman a cierta distancia de la costa, dejando una especie de laguna entres éstos y la orilla.

- **Atolones.** son estructuras circulares con un laga en su interior, frecuentemente; se forman por la subsidencia de una isla que tenía un arrecife de coral a su alrededor. La presencia de arrecifes, tanto en la actualidad como en el pasado, indican la presencia de mares y climas cálidos.

Según la evolución que haya sufrido una costa, se pueden distinguir dos morfologías características:

- **Costas de hundimiento**: se producen por una *trasgresión* marina. El mar gana terreno a la costa. Se puede producir por fusión de casquetes después de una glaciación o por una subsidencia del terreno. Se forman **rías** y **fiordos** cuando se produce la inundación de un valle ocupado anteriormente por un río o un glaciar, respectivamente.

- **Costas de emersión**: se producen por una *regresión* marina durante una glaciación. Se pueden llegar a formar complejos de isla barrera – lagoon, flechas, tómbolos, etc.

3. EL MODELADO GLACIAL

3.1. Dinámica glacial

El hielo es un potente agente modelador del terreno. La acción de los glaciares es lenta pero constante, que se traduce en masas de hielo en movimiento.

Si nos fijamos en la morfología de un glaciar, podemos diferenciar varias zonas:

El movimiento de los glaciares puede ser de hasta 10km/a en los más rápidos.

- **Zona de acumulación**. En esta zona las ganancias de hielo son mayores que las pérdidas. Se produce una recristalización de la nieve que se compacta y se convierte en hielo e inicia un movimiento pendiente abajo. Este movimiento es mayor en las zonas templadas que en las más frías, pues el deshielo es más fácil. El movimiento plástico del hielo es producido por:
    1. Deslizamiento entre los diferentes cristales de hielo.
    2. Deformación interna de los cristales.
    3. Procesos de fusión-recristalización del hielo.

- **Zona de ablación**. En esta zona se invierte la dinámica, siendo las pérdidas mayores que las ganancias. Se producen grietas, zonas con grandes bloques caóticos, ambos producidos por el incremento de la pendiente o bien por decremento de la anchura. Al igual que pasa en las masas fluidas, la velocidad de los glaciares es menor en los bordes y mayor en el centro, debido ello a la diferencia del rozamiento.

Podemos diferenciar dos grandes grupos de masas de glaciares:

- **Glaciares alpinos o de valle**. Se encuentran en zonas montañosas. El hielo está confinado por paredes rocosas. Pueden ser:

    - De circo o pirenaicos: sin lengua y con escaso desarrollo.
    - De valle sensu stricto: con circo glaciar y lengua.
    - De ladera: lengua corta que ocupa solamente una ladera de un valle.
    - De salida: son glaciares que están alimentados por un casquete.
    - De piedemonte: son grandes glaciares que sobrepasan los límites de la pared rocosa.

Cabe decir que esta clasificación de los glaciares de valle es un poco ambigua y puede variar entre los autores.

- **Casquetes glaciares o inlandsis**. Son grandes masas de hielo situadas cerca de los polos con forma de escudo y pueden cubrir gran parte del terreno e, incluso, islas enteras. Su velocidad es menor que los anteriores. El relieve no influye en su flujo pues el hielo cubre la mayoría de elevaciones. Produce **icebergs** al llegar al mar, y pueden transportar, incluso, materiales rocosos.

3.2. Morfología glacial

Respecto a la morfología general, en un glaciar se pueden distinguir *formas erosivas* y *formas de depósito*.

<u>FORMAS DE EROSIÓN GLACIAR</u>

Los glaciares modelan el terreno principalmente por *abrasión* y *arranque* de materiales des sustrato. Por estos procesos se originan las formas típicas de erosión glaciales, como son:

- **Valles en U**. El glaciar, en su paso, desgasta los valles tanto lateralmente como en su fondo; la forma que adopta el valle es la típica en U.

- **Valles colgados**. Son valles de menor desarrollo que desembocaban en un glaciar y que, tras desaparecer el hielo, queda su base a cierta altura de la base del valle principal.

- **Horn**. Es una montaña que ha quedado rodeada por varios glaciares, adoptando una forma típica de pirámide o cuerno.

- **Ibones**. Son lagos de pequeña extensión que se forman en zonas donde el terreno ha sido sobreexcavado por el glaciar.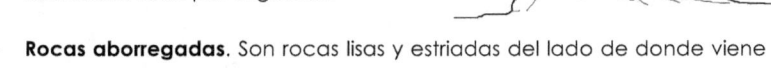

- **Rocas aborregadas**. Son rocas lisas y estriadas del lado de donde viene el hielo y rugosas en el contrario.

<u>FORMAS DE DEPÓSITO GLACIAR</u>

Cuando el hielo de deshace, todo el material que transportaba cae y se deposita, formando depósitos característicos. Entre ellos destacamos:

- **Morrenas**. Son los sedimentos más característicos de un glaciar. Dependiendo la parte del glaciar donde se encuentren pueden ser:

  - Morrena central: se encuentra en medio del glacial.
  - Morrena lateral: en los laterales.
  - Morrena de fondo: en la base.
  - Morrena terminal: en la zona de ablación del hielo.

- **Till**. Es el sedimento que deposita el glaciar y que, por tanto, se encuentra formando las morrenas. Es un sedimento mal clasificado, con fragmentos de todos los tamaños y muy angulosos. Cuando se compactan forman un tipo de roca llamada **tillita**.

- **Lagos de barrera**. Son lagos que se forman por la interposición de una morrena terminal en medio del valle, o bien por el mismo glaciar que hacen que se acumule el agua.

- **Bloques erráticos**. Son grandes bloques de piedra que han sido transportados por el glaciar, y depositados lejos de su origen cuando el hielo se retira.

- **Drumlins i eskers**. Son sedimentos que proceden de los torrentes subglaciales.

- **Varvas**. Se trata de bandas claras y oscuras alternantes que se forman en el depósito de los lagos marginales. Su alternancia se debe a los periodos de verano e invierno.

4. LAS AGUAS SUBTERRÁNEAS

Las aguas subterráneas son aquéllas que se encuentran en el subsuelo. Se generan por infiltración de las aguas superficiales a través de la porosidad de la roca.

4.1. Dinámica de las aguas subterráneas

En el subsuelo encontramos varias zonas por donde circula el agua:

-   **Zona de aireación o zona vadosa**. Es la zona por donde discurre el agua en sentido vertical.

-   **Zona de saturación**. En esta zona el agua se mueva horizontalmente.

-   **Nivel freático**. Es el límite que separa estas dos zonas. Presenta fluctuaciones verticalmente según las estaciones. Cuanto el nivel freático alcanza la superficie forma fuentes o manantiales, que darán lugar a los ríos.

La facilidad con que se infiltra el agua dependerá de varios factores como:

-   **La porosidad**. Es la cantidad de poros que presenta una roca por unidad de volumen. Pero lo que realmente nos interesa es saber la cantidad de poros interconectados que hay por unidad de volumen; esto recibe el nombre de **porosidad eficaz**.

-   **La permeabilidad**. Es la facilidad con que una roca deja pasar el agua. Cuanto mayor sea la porosidad de una roca, tanto mayor será su permeabilidad. Si no deja pasar nada de agua, se dice que la roca es **impermeable**. La permeabilidad depende del tipo de roca; por ejemplo, las arcillas son poco permeables, mientras que las arenitas lo son mucho.

4.2. El modelado kárstico

(...este apartado ya ha sido comentado en el tema 14 con más detalle; aquí simplemente haremos un repaso general para recordar los aspectos más importantes)

El modelado kárstico es un tipo de modelado del relieve que se da en zonas templadas formadas por rocas calcáreas. Se trata de un tipo especial del modelado fluviotorrencial en un tipo concreto de rocas.

La acción de este modelado se basa en la capacidad que tiene el agua para disolver la roca calcárea, ya que presenta cierta cantidad de ácido proveniente del dióxido de carbono que lleva disuelto. Esto genera una serie de formas de erosión y depósito características. Las formaciones que se generan fuera del macizo calcáreo se llaman **formas exokársticas**, mientras que las que se generan dentro se llamarán **formas endokársticas**.

- **Formas exokársticas**. Las principales son:

  - Lapiaz o lenar: acanaladuras en la superficie de la roca, de pequeño tamaño.
  - Dolinas, uvalas y poljés: una dolina es una depresión en el terreno bastante amplia (decenas de metros) La unión de varias dolinas da lugar a las uvalas. La unión de varias uvalas dará lugar a los poljés.
  - Sumideros o ponors: lugares donde el agua se pierde hacia el interior de la roca.
  - Surgencias: lugares donde sale el agua a superficie.
  - Travertinos y tovas calcáreas: rocas formadas por precipitación de carbonato cálcico en las surgencias.
  - Valles en fondo de saco: valles profundos, con paredes escarpadas.

- **Formas endokársticas**. Entre ellas destacamos:

  - Simas: conductos verticales que se introducen en el terreno.
  - Galerías: conductos horizontales.
  - Cavernas: cavidades amplias formada por ampliación de galería o por colapso de bloques del techo.
  - Estalagmitas: deposiciones de carbonato cálcico que crecen del suelo hacia el techo.
  - Estalactitas: deposiciones de calcio que crecen del techo hacia abajo.
  - Columnas: unión de una estalactita con una estalagmita.
  - Cortinas: deposiciones de carbonato cálcico que crecen en zonas curvas y que adoptan una forma de cortina.

5. LOS IMPACTOS EN LAS COSTAS

El hombre busca las costas como un lugar privilegiado para asentarse y construir sus poblaciones. Esto se debe a que la cercanía del mar le ofrece una serie de ventajas y recursos como la posibilidad de comerciar con otras regiones, obtener alimentarios como la pesca o bien materias primas como la sal o el petróleo. Esto ha generado una alteración de estas zonas.

La propia dinámica marina ha ayudado a que las obras humanas hagan más vulnerable este medio, con la consecuente pérdida de playas, deposiciones de sedimentos en puertos y otras zonas no deseadas, alteración de las praderas marinas, desaparición de especies, etc.

El bajo conocimiento que se pueda tener sobre este medio puede provocas, además, que las medidas de restauración que se tomen no sean las adecuadas por no estar adaptadas a la dinámica propia del medio.

Vamos a ver, a continuación, los principales impactos que se hacen sobre las costas y, después, las medidas de corrección más convencionales que se llevan a cabo.

5.1. Los impactos en las costas

La presencia del hombre en las costas ha provocado una serie de impactos como los que siguen (a modo de resumen):

- Construcción de muros y diques. Muchas veces se construyen en la base de acantilados o de zonas rocosas para evitar su caída. Esto interrumpe el proceso erosivo natural del mar pudiendo provocar, además, que la fuerza erosiva que lleva el mar se centre en otro punto de la costa.

- **Espigones y gaviones**. Se construyen perpendicularmente a la costa para retener arena procedente de las corrientes de deriva, pero también para impedir que estas corrientes se llevan la arena de las playas colindantes. Su mala ubicación produce el efecto contrario al esperado, o sea, que se erosione aún más la costa.

- **Rompeolas**. Son muros formados, generalmente, de piedras o bloques de cemento sueltos, muchas veces bajo la superficie, que se utilizan para frenar la fuerza erosiva que llevan las olas.

- **Vertidos sólidos**. La actividad humana también ha utilizado el mar como vertedero. En ocasiones se vierten escombros y deshechos de obras de ingeniería en las costas, modificando la dinámica natural de éstas.

- **Vertidos líquidos**. Mediante emisarios submarinos, o directamente en superficie, se vierten sustancias de desecho de ciudades e industrias, conteniendo todo tipo de materiales. Esto, además, es origen de la **basura flotante**, que genera, entre otros, un impacto visual importante.

- **Accidentes marítimos**. Aunque poco frecuentes, cuando se producen generan un impacto ambiental, si bien local, importante. A veces, las tareas de limpieza de barcos de mercancía genera aún más residuos que los accidentes de estos mismos barcos, como pueden ser los de los petroleros.

- **Actuación sobre los ecosistemas marinos**. Aquí entrarían actividades como la pesca, la extracción de áridos, marisqueo, etc.

- **Procesos industriales**. Por ser las costas zonas de llegada de mercancías, también son zonas de su procesado, por lo que genera gran cantidad de industrias que producen residuos que, finalmente y generalmente poco tratados, llegan al mar.

- **Contaminación indirecta**. Por otra parte, los ríos llevan al mar todos los contaminantes que lleva en su seno y que han ido recogiendo a su paso por ciudades, industrias, campos de cultivo...

5.2. Medidas de corrección

Ante esta amalgama de problemas generados por la actividad humana, el propio hombre también puede estudiar la manera de minimizarlos o eliminarlos de alguna forma. Para conseguir hacer esto, no obstante, primero se ha de conocer bien el medio sobre el que se trabaja, su dinámica, sus posibilidades y sus límites. Posteriormente, se llevarán a cabo las medidas oportunas más adecuadas.

Entre las medidas de corrección más comunes que se suelen llevar a cabo encontramos:

- Realización de estudios para conocer la dinámica costera.
- Realización de evaluaciones de impacto ambiental.
- Restricción del uso de las zonas costeras como vertederos.
- Concienciación de la sociedad sobre la importancia de las costas y los ecosistemas marinos.

- Restringir la construcción en las zonas cercanas a las costas.
- Controlar la pesca, marisqueo... así como las tallas mínimas.
- Estudio exhaustivo de las construcciones civiles en el mar (puertos, diques, rompeolas...).

6. CONCLUSIÓN

Como hemos visto, la acción del agua en los diferentes ambientes climáticos y en las diferentes fases que presenta, generan morfologías en el paisaje características de cada región.

Su estudio es muy provechoso de cara a observar y conocer cuáles son las alteraciones irreversibles que se pueden hacer sobre él para intentar eliminarlas o, si no, al menos reducirlas al mínimo.

En el caso de las costas, es frecuente y común que la actividad humana altere con facilidad su morfología, generando diferentes alteraciones o impactos de cierta relevancia.

Bibliografía útil:

ANGUITA, F. y MORENO, F. (1993) "Procesos geológicos externos y geología ambiental", Ed. Rueda.

ANCOECHEA, E; y otros (1990) "Procesos geológicos externos", Ed. Rueda.

AMOROS, J.L. y otros (1991) "Geología", Ed. Anaya.

GUTIÉRREZ, M. (2001) "Geomorfología climática", Ed. Omega.

LILLO, J. y otros (1982) "Geología", Ed. Ecir.

MELÉNDEZ, B. y FUSTER, J. (2001) "Geología", Ed. Paraninfo.

STRAHLER, A. (1997) "Geología física", Ed. Omega.

TEJADA, G. (1994) "Vocabulario geomorfológico", Ed. Akal.

TEMA 17

EL SUELO. ORIGEN, ESTRUCTURA Y COMPOSICIÓN. LA UTILIZACIÓN DEL SUELO. LA CONTAMINACIÓN DEL SUELO. MÉTODOS DE ANÁLISIS DEL SUELO.

0. INTRODUCCIÓN

En el presente tema estudiaremos el suelo, es decir, la superficie inorgánica sobre la cual se asienta la vida y en cuyo origen intervienen tanto factores abióticos como bióticos. También haremos un repaso al problema de la contaminación antrópica.

Son mucho los aspectos que se podrían tratar sobre el tema del suelo y nos podríamos pasar mucho tiempo si los quisiéramos exponer con rigor. Aquí, en el tiempo que nos ocupa, solamente trataremos los más relevantes para hacernos una idea general sobre ellos.

El conocimiento que día a día se obtiene sobre la capa edáfica de nuestro planeta es un factor clave para el posterior de las comunidades vegetales que se asientan sobre él en una determinada región. El suelo también nos explicará algunas posibles alteraciones que se puedan apreciar en la dinámica de las masas forestales.

Para la exposición de este tema seguiré el siguiente orden...

(es muy conveniente exponer con claridad, aquí al principio, el orden que se va a seguir, leer el índice de una forma ágil)

1

1. ¿QUÉ ES EL SUELO?

Se puede definir el *suelo* como la capa más superficial de la corteza terrestre, que sostienen la vegetación y que es resultado de la alteración de la roca madre por agentes atmosféricos y biológicos.

2. ORIGEN, ESTRUCTURA Y COMPOSICIÓN

2.1. Origen del suelo

La formación de un suelo es un proceso lento, en el que intervienen una serie de factores que detallamos a continuación:

- **Composición de la roca madre**. Un suelo se asienta sobre un terreno determinado, que tendrá una u otra composición dependiendo del origen de la roca madre (metamórfico, ígneo o sedimentario) y de su evolución posterior (procesos de meteorización, erosión, transporte y sedimentación.

- **Relieve**. Este sería un aspecto complementario al anterior. La evolución geológica y tectónica de una región conformará la disposición de los estratos y la relación entre las distintas capas o estratos. Así, aspectos como la pendiente, la presencia de estratos más o menos duros, la capacidad de infiltrar el agua de lluvia o la cohesión serán factores que condicionarán la composición y estructura final del suelo.

- **Clima**. Será relevante en la disgregación del suelo. Así, determinará el tipo de agentes externos que predominarán en una zona e influirá, por tanto, en los procesos de meteorización (química o física), erosión, transporte y sedimentación. Climas cálidos y con mucha pluviosidad acelerarán procesos químicos que incrementarán la velocidad de disgregación de la roca; también permitirán la existencia de una vegetación exuberante que incorporará gran cantidad de materia orgánica. Por el contrario, en climas fríos se ralentizarán estos procesos, si bien, se acumulará mayor cantidad de materia orgánica por no poder ésta ser descompuesta con rapidez.

- **Actividad biológica**. Es un factor esencial en el suelo, de manera que si no hay vida, no podemos hablar de suelo. La composición de un suelo cuenta con una parte importante de materia orgánica, que proviene de los restos de plantas, animales, microorganismos, exudados... La diferente capacidad de descomposición de cada uno de ellos influenciará en la textura del suelo.

- **Tiempo**. El tiempo es un factor clave en la formación del suelo. Se necesita un tiempo, generalmente muy largo, para que el suelo alcance su clímax, es decir, para que adquiera unas condiciones adecuadas que estarán en equilibrio dinámico con las condiciones climáticas de la zona, la vegetación existente, el tipo de roca madre, etc. Esta relación será tan íntima que si cambiamos alguno de estos factores (roca madre, ecosistema, lluvia...), cambiaremos el tipo de suelo. Por eso, hemos de pensar en el suelo, no como una capa más de la superficie terrestre, sino como un fruto de la unión de varios factores que han ido interaccionando en el tiempo.

La interacción de cada uno de los factores, junto con la importancia que cada uno de ellos pueda tener en cada zona, dará lugar a los diferentes tipos de suelos que encontramos sobre el planeta.

El proceso por el cual se forma un suelo se llama **edafogénesis**.

2.2. Composición del suelo

Si analizamos con detalle la composición del suelo, distinguimos en él tres tipos de componentes:

- **Componentes sólidos**. La materia sólida que encontramos proviene, en su mayor parte, de la disgregación de partículas de la roca madre que ha originado el suelo. Podemos encontrar fragmentos de todos los tamaños, desde grandes fragmentos (centimétricos o métricos) a pequeñas partículas del tamaño de las arcillas y los limos, e iones, que serán de vital importancia para la sustentación de la de los vegetales que se desarrollen sobre él. Cuanto más evolucionado esté un suelo (cuanto más tiempo haya pasado desde su origen), tanto más variedad de tamaños de partículas existirán pero abundando siempre más las de pequeño tamaño. Por otra parte, también encontraremos compuestos procedentes de los organismos que habitan en la zona, principalmente vegetales.

- **Componentes líquidos**. El principal es el agua, que contiene en disolución compuestos químicos de origen orgánico e inorgánico. Ésta es esencial para el mantenimiento de la vida en el suelo, así como para la realización de las reacciones químicas que tienen lugar en este sustrato. La cantidad de agua que haya en un suelo será inversamente proporcional a la cantidad de aire que contenga pero, en términos generales, podemos decir que será muy variable. Según el lugar que ocupa, podemos diferenciar varios tipos de agua:

- <u>Agua gravitacional</u>: es el agua que se encuentra entre los poros que dejan las partículas del suelo. Fluye libremente y desaparece cuando deja de llover o de filtrarse el agua que había en superficie.

- <u>Agua capilar</u>: se trata del agua que se haya entre los espacios capilares. A diferencia de la anterior, continúa permaneciendo en el suelo después de haber llovido. Este agua es esencial para la supervivencia de los vegetales.

- <u>Agua higroscópica</u>: es el agua que se encuentra unida a la superficie de las partículas del suelo, no siendo utilizable para la absorción de los vegetales.

- **Componentes gaseosos**. Entre los poros y cavidades que dejan las partículas del suelo, cuando no están ocupados por agua, se encuentran gases. Estos gases permiten la vida de los animales subterráneos. Su composición es, en principio, similar a la del aire atmosférico, pero debido a los procesos bióticos, frecuentemente presenta mayor cantidad de dióxido de carbono y menor de oxígeno.

2.3. Estructura del suelo

Si hacemos un corte vertical a un suelo, veremos que éste no es homogéneo, sino que presenta una estructura ordenada que, además, se va repitiendo de unos suelos a otros. En él se ven una serie de capas que se llaman **horizontes**, que presentan una composición química y física características; el conjunto de horizontes se llaman **perfil**, que es característico de cada clima.

Un perfil típico de un suelo cualquiera presenta 4 horizontes típicos:

- **Horizonte A**. Es el primer horizonte que encontramos; está en contacto con la superficie. Contiene partículas inorgánicas como arcillas, limos y arenas, así como una gran cantidad de materia orgánica, en diferente estado de descomposición. Está bien aireado y sobre él crecen las plantas y viven también los animales zapadores. En este horizonte se produce un lavado de partículas hacia los horizontes inferiores que da pie a diferenciar varios sub-horizontes. Estos son, de arriba hacia abajo:

- Horizonte A_0: se trata del lecho de materia orgánica, restos de vegetales sin descomponer. En este horizonte abunda la materia orgánica y su grosor puede variar según las estaciones.

- Horizonte A_F: está compuesto por materia orgánica alterada y transformada por los microorganismos. Aún se pueden distinguir con facilidad los componentes vegetales originales.

- Horizonte A_H: este horizonte se llama así porque contiene el **humus**; éste es un compuesto formado por restos orgánicos que han sido transformados por los microorganismos del suelo. Es rico en ácidos húmicos, lignina y diversos iones que serán reabsorbidos de nuevo por las plantas. La velocidad de transformación de la materia orgánica en humus, o **humificación**, depende, en gran medida, del clima.

- Horizonte A_1: en este horizonte, el humus poco a poco se va mezclando con las partículas minerales liberadas por la roca madre.

- Horizonte A_E: es un horizonte formado principalmente por arenas que han sido lavadas por el agua de infiltración; por este motivo adopta un color claro característico, que suele verse bien cuando existe este horizonte. No existen óxido de hierro ni de aluminio.

- **Horizonte B**. A diferencia del anterior, es un horizonte formado, en principio, solamente por la materia mineral, sin humus. Ahora bien, puede verse alterado por la acción de animales cavadores o de las raíces de los árboles, que pueden alterar su estructura. Contiene gran cantidad de óxidos de hierro y aluminio, que le dan un color rojizo. También abundan las arcillas, que hacen que sea un horizonte, a diferencia del anterior, poco permeable.

- **Horizonte C**. Está compuesto por fragmentos disgregados a partir de la roca madre, de diferente grosor pero, en general de, de de mayor tamaño.

- **Horizonte D**. Formado por la roca madre sin disgregar. Algunos autores pueden no considerarlo como un horizonte más.

En el desarrollo de un suelo, todos estos horizontes no aparecen al mismo tiempo, ni tienen siempre el mismo grosor. Al contrario, cuando se comienza a formar un nuevo suelo (como puede ser tras una erupción volcánica, por ejemplo), se irán formando los diferentes estratos según se muestra en el esquema:

Roca madre ☐ C ☐ (A)C ☐ AC ☐ A(B)C ☐ A BC

Cuando un suelo ha alcanzado el estado máximo de desarrollo (en un clima determinado), se dice que ese suelo ha alcanzado su **clímax edáfico** o su **pedoclímax climático**. Por el contrario, cuando un suelo se degrada (por procesos que ya veremos), entonces se habla de una **evolución regresiva** o, simplemente, **regresión**. Ésta se lleva a cabo en sentido contrario a su evolución, expuesta anteriormente.

2.4. Propiedades del suelo

A parte de su estructura vertical, la caracterización de cada suelo también puede llevarse a cabo a partir de una serie de propiedades, que son comunes a todos los tipos de suelos. Veamos las más usuales:

- **Porosidad**. Es la cantidad de espacio libre que queda en el suelo, ocupado por el aire. Puede dividirse en *macroporosidad*, *microporosidad* dependiendo del tamaño de los espacios. Esta última contienen el *agua capilar*, lo que condiciona la **capacidad de retención** del suelo.

- **Acidez (pH)**. El pH se define a partir de la cantidad de iones H^+ que hay libres en el suelo. Dependerá del tipo de roca madre, principalmente, pero puede aumentar por el CO_2 que contiene el agua de lluvia o por la descomposición de materia orgánica. Según el pH, los suelos pueden dividirse en ácidos (pH<5), neutros (pH=7) o básicos (pH>7). El pH es muy importante para el desarrollo de ciertos tipos de vegetación; así, se puede hablar de especies acidófilas, neutrófilas..

- **Textura**. La textura es la apariencia macroscópica que ofrece el suelo, resultante de las formas y tamaños de las partículas que lo forman. Si nos fijamos en cómo se agrupan las partículas (si forman agregados, si se distribuyen uniformemente...), entonces hablamos de **estructura** (que es diferente a la estructura en horizontes).

- **Capacidad de intercambio catiónico (CIC)**. Es la capacidad que tiene el suelo de liberar o intercambiar con otros sistemas los inones (cationes, principalmente, como el K^+, Ca^+, Na^+, Mg^{2+}...) que presenta unidos a las partículas de humus, minerales, etc. Esta propiedad es una medida de la capacidad del suelo de soportar una cubierta vegetal. Esta capacidad puede verse alterada por la acidificación del suelo.

- **Humus**. Otro aspecto que nos ayuda a caracterizar un suelo es el tipo de humus que posee. Según el pH y la elaboración que presente, se pueden distinguir tres tipos de humus:

  - **Mull**: su pH oscila entre 5,5 y 7,5. Es un humus muy elaborado. Relación C/N < 15. Bien incorporado a la fracción mineral. Se forma en lugares que tienen una alta actividad biológica.

  - **Mor**: el pH oscila entre 3,5 y 4,5. Es un humus poco elaborado, típico de climas desfavorables, con poca actividad biológica, rocas ácidas y vegetación acidófila. Relación C/N >25.

  - **Morder**: es un tipo de humus que presenta unas características intermedias a los dos anteriores.

3. TIPOS DE SUELOS

A partir de las diferentes características y propiedades que hemos estudiado hasta ahora, podemos clasificar los suelos en distintos grupos. En primer lugar, vamos a ver los suelos que se distribuyen según el clima (o la latitud) y, después, haremos una referencia a los suelos cuya distribución no depende de la latitud. Una cosa importante a tener en cuenta es que esta clasificación no es única, pudiendo variar de unos autores a otros.

3.1. Suelos zonales

Los suelos zonales son aquéllos que su distribución depende del clima (y, por tanto, de la latitud) donde se encuentren. Dentro de cada clima encontraremos uno o más tipos de suelos, dependiendo de las condiciones más locales de cada zona. El mayor o menor desarrollo de cada uno de ellos dependerá del clima.

3.1.1. Suelos de zonas polares

Son suelos de latitudes altas (periglacial) o de alta montaña, de zonas donde, al menos en alguna época del año, la nieve se retira y deja paso a la actividad biótica. Distinguimos un único tipo de suelo:

- **Suelo de tundra**. Es un suelo que permanece helado la mayor parte del año. Originados sobre depósitos de glaciares o de ríos y glaciares. Se puede distinguir una zona inferior que permanece helada todo el año (**permafrost**), y otra superior que se descongela durante la época cálida (**molisol**). Debido a las bajas temperaturas, ha sufrido una escasa meteorización química. La vegetación que soporta es también escasa, principalmente formada por musgos y líquenes.

3.1.2. Suelos de zonas templadas

Estos suelos se encuentran en latitudes más bajas que los anteriores, muchas veces rodeándolos, con temperaturas más cálidas que dan lugar a una cierta capa de vegetación más o menos abundante. Distinguimos cuatro tipos básicos:

- **Podsoles**. Se trata de suelos de climas más bien fríos y lluviosos, asociados a la taiga (bosque de coníferas). El tipo de humus que se forma es el *mor*, que es de carácter ácido y muy abundante debido a la escasa actividad de los microorganismos de estos lugares, a causa de las bajas temperaturas. Presentan los tres horizontes. En el horizonte B se suelen distinguir dos tipos: un *horizonte B₁* de color negro debido a la gran cantidad de humus que posee, y un *horizonte B₂* de color rojizo debido a la presencia de óxidos de hierro.

- **Suelos pardos**. Son suelos de climas más cálidos, asociados a la zona atlántica (en Europa), asociado a bosques caducifolios. Presentan los tres horizontes, pero el B está poco desarrollado; si se encuentran en zonas más continentales, los horizontes A y B suelen estar mal diferenciados. El horizonte A es grueso, de color pardo-negro. El humus es de tipo *mull*.

- **Suelo rojo mediterráneo**. Suelos típicos del clima mediterráneo, con un periodo seco importante en verano. La vegetación es de tipo esclerófila, adaptada a la escasez de agua. El horizonte A es muy similar al B, con poca cantidad de humus. El ascenso de agua es frecuente, y esto favorece la presencia de óxidos de hierro en los horizontes superioes.

- **Chernozen**. Suelos de clima continental, con pocas lluvias, lo que hace que el lavado sea escaso. Color oscuro-negro típico, de ahí que también sea llamado **tierras negras**. Generad, generalmente, sobre loess. Muy fértil. El horizonte A_0 suele ser escaso, mientras que el A_1 es muy abundante. Horizonte C de color amarillento. Horizonte B prácticamente nulo. Con mucho humus de tipo cálcico, que suele sostener una abundante población de gramíneas.

3.1.3. Suelos de zonas áridas

Estos suelos se desarrollan en climas áridos y semiáridos, sobre terrenos que reciben escasas lluvias y presentan una vegetación y una actividad biológica, en general, también escasa. Distinguiremos 3 tipos:

- **Suelos grises**. Se encuentran en climas subdesérticos. Temperaturas altas, pocas pluviosidad, abundancia de sales si se encuentran cerca de las costas. Son suelos pocos desarrollados. Horizontes A y C (el B prácticamente no existe), todos ellos muy poco desarrollados. Poco humus, por existir poca vegetación.

- **Erg**. Es el suelo que se haya en los desiertos de arena. Algunos autores no lo consideran un suelo propiamente dicho, pues no presenta horizontes.

- **Reg**. Suelo de los desiertos de piedra. Como el anterior, no presenta una vegetación que pueda generar los distintos horizontes.

3.1.4. Suelos de zonas ecuatoriales

Estos suelos se generan en climas ecuatoriales o tropicales, con un alto régimen de precipitaciones y una temperatura que se mantiene alta durante todo el año. Por consiguiente, la vegetación será abundante y los procesos de humificación y mineralización muy rápidos. Existe un tipo único:

- **Lateritas**. Climas tropicales, con alta precipitación y temperatura... Predomina la meteorización química. El horizonte A prácticamente no existe, pues la alta actividad biológica hace que la materia orgánica rápidamente se mineralice; por consiguiente, tampoco existirá apenas humus. Por otra parte, el horizonte B actúa como reserva de minerales. A esto ayuda el alto lavado de minerales de las capas superiores, en especial de hierro y aluminio, que forman depósitos de bauxita (mineral de interés económico). Si se elimina la cobertera vegetal, se llegan a formar capas duras, que dificultarán el asentamiento de una capa vegetal.

3.2. Suelos azonales

Son suelos que su formación no depende directamente del clima donde se encuentran. Frecuentemente son suelos poco desarrollados o con características muy particulares debido a las condiciones en las que se han generado. Veamos, rápidamente, los más característicos.

- **Rendzinas**. Son suelos que se asientan sobre una roca madre de origen calcáreo. Humus tipo mull cálcico. pH alrededor de 8. Horizontes A y C; el B es escaso. Color pardo.

- **Rankers**. Suelos formados sobre una roca madre silícea. Son de tipo ácido. Horizontes A y C; el B es escaso. El A es bastante grueso, frecuentemente con fragmentos de roca madre dispersos. Humus tipo mor o morder, si la vegetación es de coníferas o ericáceas; mull si es de frondosas o de pradera.

- **Suelos salinos**. Son suelos que presentan grandes cantidades de sales, bien por encontrarse en zonas endorreicas con alta evaporación, bien por estar cerca del mar. Son muy pobres y con escasa vegetación.

- **Gley**. Son suelos que permanecen encharcados todo el año o gran parte de él. La vegetación, si existe, está muy especializada a vivir en estas condiciones.

- **Litosoles**. Se llama así a los sustratos en los que no hay un suelo desarrollado y sólo se encuentra la roca madre desnuda. Se dan en zonas de laderas, donde la erosión no permite un desarrollo adecuado del suelo, y en zonas extremas como en algunos desiertos.

- **Regosoles**. Se denominan con este nombre los suelos formados por materiales sueltos, sin desarrollar. Se incluyen aquí los materiales de aluvión y los depósitos de dunas, entre otros.

Algunos autores diferencian entre **suelos intrazonales**, si tienen un desarrollo escaso y poco humus (rendzinas, rankers, salinos y gley), y **suelos azonales** si no se han desarrollado apenas (litosoles y regosoles).

4. LA UTILIZACIÓN DEL SUELO

El suelo es un recurso más que ha utilizado el hombre a lo largo de su historia. De hecho, muchas civilizaciones han prosperado gracias a la fertilidad de los suelos donde habitaban. Por este motivo, el suelo, su uso y conservación, es de gran importancia en el desarrollo de cualquier sociedad, incluso hoy día.

4.1. Como recurso natural

El suelo, por su lenta formación y debido a que su estructura y composición final requiere que se den una serie de factores y condiciones muy concretas, se viene considerando como un *recurso no renovable*. Este nos lleva a pensar que un uso indebido o que lo altere profundamente, podrá desembocar en una pérdida irreparable e irremediable de sus características que lo hará inutilizable para la agricultura o para formar de nuevo un bosque autóctono

El uso del suelo es muy variable, desde el cultivo de plantas aprovechables, a la construcción de edificios. Veamos algunos de los principales usos que se le da.

4.1.1. Agricultura y silvicultura

La agricultura es el principal uso que se le va a dar al suelo. Cuando se busca realizar un cultivo de una especie vegetal por tal de obtener un beneficio económico, se hace necesario un conocimiento, primero, de las plantas que se van a cultivar (pH óptimo, cantidad de agua que necesitan, sales, drenaje...) y, después, de las características del suelo (estas mismas) y ver si se acoplan y si se hace apto su cultivo o no. En caso negativo, se procederá a la realización de las enmiendas oportunas, como se verá más adelante.

4.1.2. Ganadería

Hoy muchas ganaderías crían al ganado de forma intensiva en granjas, con un gran número de animales por metro cuadrado. No obstante, en algunas zonas donde los pastos son abundantes, aún es frecuente la cría del ganado de forma extensiva, con un bajo número de cabezas por unidad de superficie. En las montañas españolas, por ejemplo, aún es muy frecuente ver manadas de vacas pastando libremente en los pastos alpinos. Esto puede conllevar otros problemas, como la erosión del terreno, si las medidas de control y uso de los pastos no son las adecuadas.

4.1.3. Edificación y vías de comunicación.

Las poblaciones humanas también utilizan una porción del suelo para construir sus viviendas. También lo utilizan para la construcción de industrias, vías de comunicación, etc. Cada uso requiere unas condiciones determinadas del suelo, aunque por lo general son pocas las exigencias y más bien se miran aspectos más amplios como puede ser la estructura o la composición de la roca madre, o las relaciones que guardan las diferentes capas del suelo entre ellas.

4.2. Enmiendas

Cuando un suelo no reúne las características adecuadas para el uso que se le ha previsto (generalmente para la implantación de un cultivo determinado), es necesaria la realización de enmiendas. Estas pueden consistir en labore como:

- adición de materia orgánica,
- adición de arena para mejorar el drenaje,
- adición de abono, preferentemente de origen natural como pueden ser el estiércol de las granjas; también puede ser artificial mediante la adición de sale de nitrógeno, potasio o fósforo.

4.3. El problema de la erosión

El uso agrícola del suelo (y en menor medida el uso ganadero), puede generar problemas en el mismo suelo. De entre ellos, el principal es el de la *erosión*. La pérdida del suelo por erosión disminuye la fertilidad del suelo, aparte de que destruye la estructura de los horizontes superiores del suelo. Las causas pueden ser la alta presencia de agua de escorrentía (favorecida por determinadas técnicas de laboreo), la destrucción de la vegetación autóctona, incendios, talas...

Para luchar contra la erosión y preservar el suelo se recomiendan una serie de actuaciones básicas como son:

- Eliminar monocultivos extensos, alterando, por ejemplo, campos de cereales y arboledas.
- Regenerar los bosques en las zonas más expuestas, y ubicar los cultivos en las zonas más reservadas.
- Luchar contra los incendios.
- Luchar contra el viento como factor erosivo.
- Realizar repoblaciones adecuadas al tipo de suelo y al grado de destrucción que ha sufrido. Esto necesita de estudios forestales y edáficos...

5. LA CONTAMINACIÓN DEL SUELO

Además de la erosión, el suelo se enfrenta a otro gran problema, el de la contaminación, que altera sus características y propiedades. Existen muchos factores de contaminación que pueden alterar mucho el funcionamiento del suelo o, incluso, dejarlo sin funcionalidad alguna. El aire y el agua contaminados serán los principales vectores por los cuales se alterará el suelo. La contaminación puede ser natural (en general, poco importante) o antrópica.

5.1. Alteraciones naturales

Como hemos dicho, son poco frecuentes, y pueden darse en lugares locales por causas como erupciones volcánicas con emanación de gases y productos volcánicos, zonas con procesos de desertización, etc.

5.2. Contaminación antrópica

Entro los principales agentes contaminantes de origen antrópico encontramos:

- **Productos de desecho**. Se trata de la alta acumulación de residuos urbanos o industriales, muchos de ellos no biodegradables. Se da, principalmente, en países desarrollados. Además, estos residuos pueden ser focos de infección al acumularse insectos y roedores. También generan un impacto visual y, muchas veces, un olor desagradable. No obstante, a diferencia de los que se encuentran en el agua o el aire, permanecen estáticos, no contaminando zonas alejadas. También puede considerarse en esta apartado la acumulación de desechos minerales, que generan impacto visual y el posible arrastre de sustancias nocivas hacia las aguas subterráneas. Si la alteraciones producidas son muy profundas, habrá que regenerar el suelo.

- **Plaguicidas**. Los grandes cultivos atraen a determinadas especies en gran número; esto genera las plagas. También existen malas hierbas. Ante unos y otros se utilizan para combatirlos herbicidas y plagicidas (DDT, HCH, DNOC, $CuSO_3$...). Muchas veces, estos productos no se degradan generando acciones no deseadas sobre el medio. Otras veces, pueden transformarse en otros más peligrosos o, incluso, entrar en la cadena trófica y afectar a otros seres vivos, y entre ellos el hombre.

- **Radiactividad**. Este foco de contaminación es poco frecuente, pero sus efectos, cuando existe, son muy drásticos. Puede producir mutaciones, acumularse en la cadena trófica, etc.

- **Destrucción del suelo**. En general, el suelo puede padecer un proceso de inutilización irreversible por otros motivos como pueden ser la tala incontrolada, cultivos intensivos, ganadería excesiva, incendios... Todo ello produce un desgaste del suelo, irreparable en muchos casos.

6. MÉTODOS DE ANÁLISIS DEL SUELO

Para recabar información sobre la estructura, composición y características, en general, del suelo, se viene utilizando una serie de métodos. Los vamos diferenciar en dos grupos según se realicen en el campo o en el laboratorio.

6.1. Estudios de campo

Una vez elegida una zona que se va a estudiar, se han de analizar elementos como:

- **Geología y geomorfología**. Características de la roca madre, composición, alterabilidad, cohesión, relaciones geológicas...

- **Topografía**. Altitud, pendiente, exposición, cortes geológicos y topográficos...

- **Drenaje**. Idoneidad, profundidad, duración del agua estancada, permeabilidad...

- **Erosión**. Si existe o no y en qué grado, susceptibilidad...

- **Clima**. Regímenes de temperatura y lluvia, periodos fríos, reparto de las precipitaciones a lo largo del año, forma en que se dan éstas...

- **Vegetación**. Tipo de vegetación, susceptibilidad de ser destruida, estabilidad, relaciones entre especies...

- **Edafología**. Estudio del perfil del suelo: color, textura, granulometría, estructura, consistencia, presencia de gravas o piedras, porosidad, presencia de raíces, presencia de animales, grosor y características de los diferentes horizontes...

6.2. Estudios de laboratorio

Una vez obtenidas las muestras necesarias en el campo, se procede al trabajo de laboratorio, para completar el estudio del suelo. Entre las técnicas más utilizadas encontramos:

- **Análisis físicos**. Estudian las propiedades físicas del suelo. Entre ellos encontramos el *análisis granulométrico*, que se utiliza para conocer el tanto por ciento de arcillas, limos y arenas que hay en el suelo. La *porosidad* se calcula a partir de las densidades real y teórica que presenta el suelo. La *permeabilidad* a partir del flujo de agua existe en una determinada sección, etc.

- **Análisis microbiológicos**. Se observan muestras de suelo con la lupa, microscopio..., se hacen cultivos bacteriológicos... Todo ello encaminado a conocer la microflora existente en el suelo. También existen pruebas enzimáticas para los organismos más pequeños.

- **Análisis en láminas delgadas**. A veces se hace necesario el estudio en láminas delgadas, observadas en el microscopio petrográfico, para conocer las microformas que puedan existir en los diferentes horizontes. Se suelen utilizar muestras de suelo impregnadas en resinas.

- **Estudios mineralógicos**. Para conocer la composición en minerales del suelo. SE pueden utilizar diferentes técnicas, como las químicas, pero también son muy útiles las observaciones de láminas delgadas al microscopio.

- **Estudios químicos**. Son estudios encaminados a conocer la viabilidad de un suelo de soportar una población vegetal (natural o artificial). Se basan en el estudio de fertilidad, pH, nutrientes (sales de nitrógeno, fósforo y potasio), concentración de humus, relación carbono/nitrógeno...

7. CONCLUSIÓN

Como hemos visto, el origen y formación del suelo es una cosa más compleja de lo que pueda parecer a simple vista. Intervendrán factores climáticos, litológicos y bióticos, que configurarán y darán las características propias al suelo de cada zona.

Por estas razones, su importancia es vital para el desarrollo de la vida animal y vegetal en un territorio; tanto que si éste se alterara o desapareciera, las comunidades que habitan sobre él se alterarían profundamente.

Conociendo su dinámica y fragilidad, su utilización por parte del ser humana se ha de llevar a cabo de una manera adecuada, para no alterarlo ni destruirlo definitivamente.

Bibliografía útil:

ANGUITA, F. y MORENO, F. (1993) "Procesos geológicos externos y geología ambiental", Ed. Rueda.

AGUEDA, J. y otros (1983) "Geología", Ed. Rueda.

AMOROS, J.L. y otros (1991) "Geología", Ed. Anaya.

DUCHAUFOUR, P. (1984) "Edafología", Ed. Masson.

LILLO, J. y otros (1982) "Geología", Ed. Ecir.

MELÉNDEZ, B. y FUSTER, J. (2001) "Geología", Ed. Paraninfo.

STRAHLER, A. (1997) "Geología física", Ed. Omega.

TEJADA, G. (1994) "Vocabulario geomorfológico", Ed. Akal.

TEMA 18

LA TIERRA, UN PLANETA EN CONTINUO CAMBIO.
LOS FÓSILES COMO INDICADORES. EL TIEMPO
GEOLÓGICO. EXPLICACIONES HISTÓRICAS AL
PROBLEMA DE LOS CAMBIOS.

0. INTRODUCCIÓN

Para poder comprender bien este tema hemos de tener presente que la Tierra no ha permanecido siempre igual, sino que ha ido cambiando con el paso del tiempo, y aún lo está haciendo actualmente. La escala temporal que utilizamos para su estudio es muy diferente a la que solemos utilizar en la vida cotidiana, por lo que a veces resultará difícil hacernos una idea de la escala a la que están pasando estos procesos.

Para llegar a conocer cómo ha sido la evolución de nuestro planeta necesitamos disponer de algunas referencias que nos orienten sobre lo que ha pasado en el pasado. Veremos que los fósiles son unos buenos indicadores, que nos servirán para diferenciar diferentes periodos en el pasado de la Tierra.

También cabe mencionar, que la explicación sobre la evolución que ha sufrido la Tierra se ha explicado de maneras diferentes a lo largo de la propia historia del hombre. En este tema intentaremos hacer un resumen de los principales conocimientos que se tienen sobre los diferentes aspectos de este campo, excusando, ya de antemano, la posible carencia de profundización de algunos de ellos.

Para la exposición de este tema seguiré el siguiente orden...

(es muy conveniente exponer con claridad, aquí al principio, el orden que se va a seguir, leer el índice de una forma ágil)

1. LA TIERRA CAMBIA CONTINUAMENTE

La Tierra es un planeta dinámico. Esto implica que se encuentra en continuo cambio. Quizás nos resulten más relevantes los cambios repentinos que observamos sobre la corteza terrestre (volcanes, terremotos, tsunamis...) o, incluso, podemos pensar en la acción de los agentes externos en el modelado del relieve. Pero en la escala geológica, que abarca periodos de miles de años, estos acontecimientos son poco importantes comparados con los procesos originados por la dinámica interna de la misma Tierra.

Por consiguiente, hemos de ver los cambios de la Tierra a una doble escala: unos cambios externos, relativamente rápidos, y otros internos más lentos pero más persistentes en el tiempo.

1.1. Procesos geológicos externos

Los agentes geológicos externos modelan la superficie de la Tierra. Actúan unos u otros dependiendo del clima; pero en el modelado también influirán factores estructurales de las mismas rocas que erosionan y transforman. Estos procesos influyen en la formación de estructuras como:

- Formación y distribución de desiertos.
- Formación y distribución de glaciares.
- Distribución, tipos y características de lagos, ríos y torrentes.
- Procesos periglaciales, de alta montaña, fluviotorrenciales, kársticos...
- Distribución y formación de las rocas sedimentarias.

1.2. Procesos geológicos internos

La dinámica interna de la Tierra actúa con la energía que procede del interior de la Tierra. Ésta mueve las placas tectónicas y produce unos procesos típicos, magmáticos y metamórficos, que generan y condicionan estructuras como:

- Cordilleras y cadenas montañosas (disposición y altura).
- Llanuras abisales.
- Distribución de las costas y, por tanto, determinación de las zonas que quedarán en el interior de los continentes.
- Taludes y fosas marinas.
- Volcanes y rifts.
- Terremotos y tsunamis.
- Puntos calientes e islas volcánicas.

1.3. Procesos geológicos históricos

Charles Lyell enunció en la primera mitad del siglo XIX el principio del **actualismo geológico**. Este principio decía que los fenómenos geológicos han ocurrido en el pasado de la misma forma que ocurren en la actualidad. De esta manera, a partir de los procesos geológicos que conocemos que ocurren hoy día podemos explicar cómo sucedieron los fenómenos del pasado, así como predecir los que podrá ocurrir en el futuro.

Este aspecto es una cosa muy importante a tener en cuenta, pues nos ayuda a comprender cómo está funcionando el planeta Tierra hoy día, tanto por fuera como por dentro. Pero, aún más importante, nos permite entender porqué en una determinada zona del planeta tenemos unas estructuras y no otras, y cómo han llegado a estar donde están y a tener la forma que tienen.

Cómo podemos conocer esto, qué métodos tenemos para averiguarlo y cómo se ha llegado a estas conclusiones (en la historia del pensamiento científico) es lo que veremos en los siguientes apartados.

2. PALEONTOLOGÍA: FÓSILES COMO INDICADORES

2.1. El estudio de los fósiles

Un **fósil** es un resto de un ser vivo o de su actividad que se ha preservado en el tiempo. Normalmente, se encuentra restos *fosilizados*, o sea, que han sufrido un proceso de *fosilización*, y esto quiere decir que parte o todas sus estructuras se han cambiado por materia mineral. Por tanto, en la mayoría de casos estamos viendo, por así decirlo, un trozo de piedra con la forma de un ser vivo prehistórico. Cuanto más duro sea un organismo, más fácilmente se fosilizará; por esta razón, encontraremos, por términos generales, las partes duras de los organismos (raíces, troncos, conchas, huesos...), mientras que las blandas tenderán a descomponerse y no se encontrarán, por consiguiente, en el registro fósil.

Por otra parte, también podemos encontrar restos de su actividad, que también se consideran fósiles. Si son restos de pisadas se llamarán **ignitas**; si son restos de excrementos, **coprolitos**...; también pueden ser pistas, excavaciones, túneles...

El estudio de los fósiles requiere unos instrumentos y unas técnicas especiales, que nos permitan diferenciar los fósiles de la roca (cosa que no siempre es fácil) y extraer la muestra. En el laboratorio quedará por hacer una tarea de limpieza, identificación del fósil y datación cronológica. Este último paso es esencial para poder utilizar un fósil como indicador de tiempo histórico.

2.2. Fósiles como indicadores

A finales del siglo XVIII, los fósiles se empezaron a utilizar como instrumentos cronológicos por primera vez. En 1805, W. Smith afirmó que éstos podrían utilizarse para identificar ciertos estratos. Bajo de la idea de la *sucesión biológica* de las poblaciones naturales surgió la **Bioestratigrafía**, también conocida como **Cronología Bioestratigráfica**. Esta ciencia se basa en la presencia de los fósiles para determinar la edad de un estrato. Define varios aspectos nuevos:

- **Zona**. Una zona es el conjunto de estratos que contienen un grupo de especies exclusivo. También se le llama *biozona* o *cronozona*. Una biozona será más útil para datar estratos cuando su dimensión estratigráfica sea mínima y su dispersión geográfica máxima. Esto corresponde con especies que han vivido poco tiempo (unos pocos millones de años) pero se expandieron y ocuparon una gran extensión por la superficie terrestre.

- **Fósil guía**. Es un fósil exclusivo de un nivel, llamando **nivel-guía**. Un fósil-guía es importante como indicador cronológico y como elemento de correlación entre diferentes estratos. El problema radicará, no obstante, en que las clasificaciones de fósiles no siempre son correctas ni seguras, lo que da a este método una utilización limitada.

Los fósiles-guía o las zonas, pueden utilizarse también como claves paleogeográficas, a favor de la tesis de los desplazamientos continentales. Los animales terrestres pueden migrar de unas zonas a otras por tres vías:

1) Por medio de corredores: son intercambios totales, es decir, que puede migrar cualquier tipo de especies.

2) Corredores selectivos: son intercambios de algunas especies. Por ejemplo, pasos que se encuentre en zonas frías, sólo podrán pasar especies que sean resistentes al frío.

3) Rutas al azar: se trata de acontecimientos casuales como, por ejemplo, las migraciones en balsas naturales.

La fauna marina tiene barreras menos patentes, pero también considerables, como pueden ser las barreras terrestres o los cuerpos de aguas profundas. En general, se llaman **dominios** a regiones faunísticas separadas por barreras climáticas, y **provincias** a las delimitadas por barreras geográficas.

Dentro de los fósiles, podemos hablar de otro concepto que son los **ritmos biológicos**. Se trata, además de datar estratos, de averiguar características del pasado a partir de las características biológicas de algunos fósiles. Como más característicos destacamos:

- **Dendrocronología**. Se basa en los anillos de crecimiento de los árboles. Cada anillo corresponde a un año y está compuesto por una parte clara (correspondiente a la estación cálida) y una parte oscura (estación fría); su grosor depende del clima. Se pueden correlacionar los anillos de diferentes árboles (existe, por ejemplo, una correlación continua de los últimos 7000 años). También son indicadores climáticos (variación de pluviosidad, temperatura...).

- **Corales**. Los corales individuales son animales que presentan anillos de crecimiento diario pero, además, con variaciones estacionales. Esto nos sirve, por una parte, para comprobar las edades numéricas obtenidas por isótopos y, por otra, para comprobar la hipótesis del frenado mareal de la Tierra.

- **Relojes moleculares**. Son métodos de datación basados en el análisis del ADN y de proteínas. Se puede saber el tiempo evolución de dos especies a partir de las mutaciones que se han ido acumulando desde su divergencia. Para ello, se considera que los cambios de ADN se han de producir ...

3. EL TIEMPO GEOLÓGICO

Un problema en geología se presenta a la hora de datar un estrato. La rama de la geología que se dedica a la datación de materiales geológicos o paleontológicos se llama *Cronología* Para datar un estrato con precisión, necesitamos una serie de herramientas. En la siguiente tabla se resumen los principales métodos de datación más utilizados en geología:

Estratigráficos	Principio de superposición de estratos
	Varvas glaciares
Biológicos	Fósiles
	Ritmos biológicos:
	Dendrocronología
	Anillos de crecimiento en corales
	Relojes moleculares
Estructurales	Relaciones tectónicas o magmáticas
	Densidad de craterización
Físicos y geofísicos	Exposición a los rayos cósmicos
	Huellas de física
	Paleomagnetísmo
	Termoluminiscencia
	Dataciones radiométricas:
	Samario-neodimio
	Rubidio-estroncio
	Uranio-plomo
	Potasio-argón
	Berilio-boro
	Torio-radio
	Protactinio-actinio
	Carbono-nitrógeno
	Argón-argón
	Tritio-helio

*los métodos que se marcan subrayados hacen referencia a <u>dataciones relativas</u> mientras que los que no están marcados hacen referencia a dataciones absolutas.

Entre los métodos de datación hemos de distinguir dos grandes grupos:

- **Datación relativa**. Este tipo de datación nos da una edad de un material o estrato relativa a otro estrato, es decir, nos dirá si es anterior, posterior o de la misma época, pero no nos dirá el tiempo exacto que tiene. Ordena el material, por así decirlo, de más moderno a más antiguo.

- **Datación absoluta**. Nos da una edad en años, millones de años... que podrá variar entre unos márgenes, pero siempre será una cantidad de años desde la actualidad hacia el pasado.

Vamos a comentar, a continuación, algunos de estos métodos:

- **Métodos estratigráficos**. Este tipo de métodos se basan en el estudio de la disposición de estratos y las relaciones que tienen unos con otros. Hasta principios del siglo XX se creía que la sedimentación era continua y que en ella estaría representado todo el tiempo geológico. Actualmente, se sabe que aproximadamente sólo el 50% lo está. A las interrupciones en la sedimentación se les llamó **discontinuidades estratigráficas** o **diastemas**. Si este periodo transcurrió bajo condiciones erosivas se le llama **disconformidad**; si falta algún estrato se llama **laguna estratigráfica**; al lapso de tiempo sin que se produjera sedimentación se le llama **hiato**. Destacamos dos campos de actuación:

  - **Principio de superposición de estratos**: este principio dice que en una serie de sedimentos, el orden de sucesión desde el más antiguo hasta el más moderno se establece desde abajo hacia arriba. Así, los estratos que están arriba serán más modernos, mientras que los que están debajo serán más antiguos.

  - **Varvas glaciares**: las varvas glaciares son unos sedimentos que se depositan en los lagos de frente glaciar. En estos sedimentos, existen un estrato claro (limoso o arenoso, de primavera) y otro oscuro (arcilla, de inverno). Las variaciones climáticas producen varvas más o menos gruesas. En los últimos años se vienen estudiando correlaciones climáticas en lagos del Norte de Suecia.

- **Métodos biológicos**. Estos métodos (ya explicados anteriormente) son muy útiles en cronología. Son de los primeros métodos que se empezaron a utilizar para datar sedimentos. Se trata de métodos relativos, excepto el estudio de los anillos de árboles más recientes, que nos dan una edad absolutas, si bien de poco años.

- **Metodos estructurales**. Son métodos que se basan en que un objeto geológico (roca, paisaje, sedimento...) queda datado con referencia a un acontecimiento. Destacamos dos tipos:

  - **Relaciones tectónicas o magmáticas**: cuando un estrato presenta una intrusión ígnea, esta es siempre más reciente que los estratos a los que corta, y más antigua que los estratos que se superponen. Del mismo modo, se pueden datar las fallas, aunque últimamente también se están utilizando técnicas radiométricas en el análisis de los minerales recristalizados en el plano de falla.

- **Densidad de craterización**: se basa en el estudio de los cráteres originados por el impacto de meteoritos. La densidad de cráteres será proporcional al tiempo que un sustrato ha estado expuesto en la superficie. Esta técnica se utiliza para datar rocas de lunas, que presentan poco agentes geológicos externos.

- **Métodos físicos y geofísicos**. Este tipo de métodos se basa en determinados procesos que ocurren en las rocas y que dejan en ellas huellas medibles.

- **Exposición a rayos cósmicos**: los rayos cósmicos que viajan por el espacio pueden penetrar hasta un metro en la roca, produciendo en sus minerales huellas microscópicas, o transformando sus núcleos en otros isótopos. La cantidad de huellas será proporcional al tiempo que la roca ha permanecido en la superficie. Este método se suele aplicar, principalmente, a rocas lunares y a meteoritos.

- **Huellas de fisión**: se trata de zonas lineales de los minerales dañados por el paso de núcleos atómicos procedentes de minerales radiactivos, que arrancas electrones de los átomos próximos cargándolos positivamente, lo que hace que se separen formando surcos. La edad de la roca será proporcional a la cantidad de huellas que presenten por unidad de superficie y a la cantidad de mineral radiactivo que haya.

- **Paleomagnetismo**: este método se basa en las inversiones periódicas que sufre el campo magnético, las cuales son geológicamente instantáneas y se producen a escala planetaria. Una vez datada una inversión podremos conocer la edad de cualquier roca que se encuentre cerca de la inversión en cualquier parte del mundo. El problema es que tienen un límite de 200 millones de años, que es la edad máxima de la corteza oceánica. A la polaridad normal a la actual se le llama **normal** (representada de color negro) y a la opuesta **invertida** (de color blanco).

- **Termoluminiscencia**: muchos minerales retienen partículas cargadas en el entorno de sus redes; algunos de ellos (cuarzo, feldespato...), al ser calentados liberan estas partículas y producen una luminiscencia. La intensidad de ésta será proporcional a la cantidad de radiación recibida desde el último calentamiento. Se utiliza para datar coladas de lava, cerámicas arqueológicas...

- **Dataciones radiométricas**: se basan en el estudio de la desintegración de elementos radiactivos inestables en las rocas, que se transforman en:

  o rayos α(núcleos de helio),
  o rayos □(electrones),
  o rayos □ (radiación radiomagnética).

Esta transformación es constante e independiente de otras variaciones físico-químicas. A partir del **periodo de desintegración radiactiva** o **vida media** de un mineral, podemos conocer el tiempo transcurrido desde que se formó la roca. En la siguiente tabla se muestran algunos de los elementos más utilizados y los periodos para los cuales se pueden aplicar:

Elemento padre	Elemento hijo	$T_{1/2}$ (años)	Observaciones
Samario 147	Neodimio 143	106000×10^6	Ideal para rocas metamórficas antiguas
Rubidio 87	Estroncio 87	47000×10^6	Para cualquier tipo de roca
Uranio 238	Plomo 206	4510×10^6	Método más preciso
Potasio 40	Argón 40	1300×10^6	Método más común
Uranio 235	Plomo 207	713×10^6	Parecido al Uranio 238
Berilio 10	Boro 10	1.5×10^6	Especial para rocas sedimentarias
Torio 230	Radio 226	75 000	Sedimentos marinos menores de 1 m.a.
Protactinio 231	Actinio 227	34 300	Sedimentos marinos menores de 1 m.a.
Carbono 14	Nitrógeno 14	5 730	Especial para materiales biológicos
Argón 39	Potasio 39	269	Agua helada de menos de 1000 años
Trinio	Helio 3	12.43	Agua helada de unas décadas

El problema de este método es que sólo se puede utilizar en rocas con isótopos radiactivos, principalmente ígneas, y se necesitan instrumentos especiales muy sofisticados. Para que un elemento radiogénico sea utilizable para una determinada datación hace falta:

- que sea un elemento más o menos común,
- su vida media no sea adecuada al periodo de tiempo a medir; generalmente el alcance máximo es de unas 10 veces el periodo de semidesintegración,
- que el elemento hijo se pueda distinguir de eventuales cantidades del mismo isótopo ya presente en el mineral. Se

ha de conocer la Relación Isotópica Primordial (RIP) que es la abundancia de cada isótopo en la nebulosa solar.

Para datar correctamente una roca, se ha de conocer la historia del mineral a emplear, es decir, si se ha podido haber producido ganancias (por ejemplo, metasomatismo) o bien pérdidas (por ejemplo, metamorfismo) de elementos hijos. Para ello se utilizan determinaciones para diferentes minerales y distintos elementos radiactivos.

4. EXPLICACIONES HISTÓRICAS DE LOS CAMBIOS

Explicar por qué el relieve tiene ese aspecto y no otro y cómo ha llega a ser lo que vemos actualmente, es un reto que el hombre siempre ha intentado explicar de una manera racional.

4.1. La noción del tiempo en Geología

Ciertamente, la noción del tiempo en geología es un concepto no siempre fácil de definir. El tiempo es como una abstracción que sólo se puede concretar llenándolo de acontecimientos. Por ejemplo, un año es el tiempo que tarda la Tierra en dar una vuelta alrededor del Sol. La Geología estudia los cambios producidos en el planeta a lo largo del tiempo, pero son tan lentos que prácticamente no son observables. En cambio, ciertos fenómenos geológicos son más rápidos (terremotos, erupciones...), pero, en cambio, son menos importantes a nivel global. Los cambios geológicos importantes son muy lentos y se miden en **crones** (1 cron = 1 millón de años).

Como unidad de medida de referencia se coge el año, por ser un acontecimiento (el periodo de traslación de la Tierra) que se ha mantenido muy constante (se cree que sólo ha variado 3 o 4 min. desde el origen del Sistema Solar).

4.2. El avance de la ciencia y la Geología histórica

Tradicionalmente, se ha creído que el progreso científico es acumulativo (cada nueva verdad enriquece el conocimiento que se tenía previamente). Por su parte, K. Popper postuló que este progreso es resultado de la competencia de diversas hipótesis para explicar un determinado fenómeno. Los científicos han de proponer pruebas para corroborar las diferentes hipótesis que compiten entre ellas, hasta que una queda como la más aceptada, pero nunca confirmada definitivamente, ya que siempre se podrá encontrar una mejor. Según Popper, el progreso científico es un progreso inacabado porque una hipótesis que se considere como cierta puede en cualquier momento revelarse como incorrecta.

En 1962, Kunh propuso que la comunidad de científicos tiende a aceptar una idea dominante, llamada **paradigma**, hasta que algún otro científico propone una teoría alternativa. El cambio de un paradigma a otro se llama **revolución científica**.

En el momento en que Kunh elaboraba sus argumentos se produjo en Geología un cambio de ideas respecto a la formación del relieve: el concepto de geosinclinal, que formaba parte del concepto más general llamado **contraccionismo** o **fijismo** (la contracción de la Tierra producía unas "arrugas" que daban lugar a las cordilleras) y suponía, por tanto, que los continentes siempre habían ocupado su posición actual, fue reemplazada por la teoría de la **Tectónica de Placas** (para algunos, este cambio fue conocido como revolución kunhiana).

4.3. La interpretación del registro: actualismo y catastrofismo

En la época pre-científica abundaban las **ideas catastrofistas** influenciadas por interpretaciones judío-cristianas: los fósiles eran huellas del último diluvio y en la historia habían habido diversos diluvios (G. Cuvier). Más tarde, apareció el **uniformismo**, influenciado por la herencia griega: los procesos geológicos que actúan hoy día producen pequeñas varaiciones en el entorno, y esto podría explicar todos los fenómenos geológicos (j. Hutton y C. Lyell). La teoría de Lyell comprendía diferentes conceptos:

a) Uniformidad en las leyes físicas.
b) Uniformidad de los procesos geológicos (**actualismo**).
c) Uniformidad del ritmo (**gradualismo**).
d) Uniformidad de condiciones (la Tierra cambia continuamente, pero siempre tiene el mismo aspecto).

Actualmente, se considera una teoría neocatastrofista en frente de otra actualista. Los primeros por hallar casos de transferencias de energía en tiempo geológicamente instantáneo (catástrofes geológicas), los segundos por no darle importancia a estos fenómenos en la formación de los accidentes geográficos.

En definitiva, los geólogos modernos han logrado separara una evolución y unas estructuras aparentemente continuas en sucesos discretos y en configuraciones puntuales.

5. CONCLUSIÓN

Para concluir esta exposición, decir que, como bien dice el título de este tema, la Tierra es un planeta que está en continuo cambio. Por esta razón, hemos de ver los procesos geológicos desde una escala globalizadora, que incluya la percepción lenta de los cambios geológicos del planeta y de las especies.

También destacar la importancia que tiene la exposición de las distintas teorías para explicar, entre unas y otras, los cambios que ha sufrido la Tierra a lo largo del tiempo. Esto, junto con los continuos estudios que se están haciendo hoy día, genera un bagaje de conocimiento muy amplio, que nos sirve para comprender, cada día mejor, el mundo donde vivimos.

Bibliografía útil:

AGUEDA, J. y otros (1983) "Geología", Ed. Rueda.

ANGUITA, F. (1988) "Origen e historia de la Tierra", Ed. Rueda.

AMOROS, J.L. y otros (1991) "Geología", Ed. Anaya.

HALLAM, A. (1985) "Grandes controversias geológicas", Ed. Labor.

LILLO, J. y otros (1982) "Geología", Ed. Ecir.

MELÉNDEZ, B y FUSTER, J. (2001) "Geología", Ed. Paraninfo.

MELÉNDEZ, B y FUSTER, J. (1982) "Paleontología", Ed. Paraninfo.

STRAHLER, A. (1997) "Geología física", Ed. Omega.

TEJADA, G. (1994) "Vocabulario geomorfológico", Ed. Akal.

TEMA 19

LA HISTORIA GEOLÓGICA DE LA TIERRA. FAUNA Y FLORA FÓSILES.

0. INTRODUCCIÓN

Desde su origen, nuestro planeta ha ido cambiando. Su relieve y sus estructuras geológicas han sido diferentes a lo largo de su historia, pero han quedado remanencias de ellas hasta nuestros días. También la vida ha ido evolucionando. Hoy día tenemos restos y pruebas de la existencia de fauna y flora del pasado.

La historia de la Tierra ocupa muchos millones de años, y sería difícil resumir en poco espacio y tiempo todos los acontecimientos que han tenido lugar en el pasado. En el presente tema intentaremos dar unas pinceladas de los sucesos más importantes que han tenido lugar.

Esta vertiente de la Geología es muy importante por la gran aplicación práctica que tiene, como en el caso de la Estratigrafía. Por otro lado, nos hace comprender mejor el origen del relieve y de las estructuras geológicas actuales.

Para la exposición de este tema seguiré el siguiente orden...

(es muy conveniente exponer con claridad, aquí al principio, el orden que se va a seguir, leer el índice de una forma ágil)

1. GENERALIDADES

La Tierra ha tenido una historia muy compleja. Por una parte, nos encontramos con un periodo muy largo del tiempo en el que han tenido lugar muchos acontecimientos. Por otra parte, los agentes geológicos internos y externos que han actuado sobre la superficie de la tierra han ido cambiando el paisaje que encontramos sobre ésta. Por esta razón, hoy día es difícil averiguar cómo ha sido y qué ha pasado sobre la superficie de la Tierra.

No obstante, a partir del estudio exhaustivo de rocas y minerales, de formas geológicas y de restos de animales y plantas, podemos averiguar cuáles han sido los acontecimientos que han tenido lugar en nuestro planeta.

A grandes rasgos, se suele dividir la historia de la Tierra en tres grandes periodos:

-   **Arcaico**. Es un periodo que abarca entre los 4500 unos 2500 millones de años. En él tiene lugar, entre otros acontecimientos, el origen de la vida.

-   **Proterozoico**. Abarca entre los 2500 y 570 millones de años. A este período junto anterior también se les llama **Precámbrico**.

-   **Fanerozoico**. Trascurre entre los 570 millones de años y la actualidad. En este periodo tiene lugar la mayor parte de la evolución de las especies.

No obstante, en este tema estructuraremos estos períodos de manera diferente, centrándonos más en los más modernos por ser los mejores conocidos y en los que se han producido los acontecimientos más relevantes de la historia de la Tierra y de la vida. Para su estudio, los dividiremos en cuatro grandes grupos:

-   **Precámbrico**: que abarca desde el origen de la Tierra (hace unos 4500 millones de años) hasta los 570 millones de años, cuando aparecen los seres pluricelulares.

-   **Era Primaria o Paleozoico**: desde los 570 millones de años hasta los 250, aproximadamente.

-   **Era Secundaria o Mesozoico**: desde los 250 hasta los 65 millones de años.

-   **Era Terciaria y Cuaternaria o Cenozoico**: va desde los 65 millones da años hasta el presente.

En cada uno de ellos estudiaremos tres aspectos: *la geología*, *la biología* (fauna y flora) y *el clima* que los ha caracterizado.

En el siguiente cuadro-resumen se presentan los principales periodos de la historia de la Tierra, así como los años que abarcan. (Esto nos servirá de referencia para el estudio de este tema).

ERA	PERIODO	ÉPOCA	EDAD (comienzo, en millones de años)
PRECÁMBRICO	Arcaico		**4600**
	Proterozoico		2500
PRIMARIA ó PALEOZOICO	Cámbrico		**570**
	Ordovícico		500
	Silúrico		430
	Devónico		395
	Carbonífero		345
	Pérmico		280
SECUNDARIA ó MESOZOICO	Triásico		**250**
	Jurásico		205
	Cretácico		135
TERCIARIA	Paleógeno	Paleoceno	**65**
		Eoceno	54
		Oligoceno	38
	Neógeno	Mioceno	26
		Plioceno	7
CUATERNARIA	Pleistoceno		2
	Holoceno		12.000 años

2. PRECÁMBRICO

El Precámbrico es un período que va desde los 4600 millones de años hasta los 570 millones de años. Pese a ser un período tan largo disponemos de muy poca información sobre él. Es un periodo que se caracteriza, entre otras cosas, porque la Tierra poseía una gran actividad magmática.

2.1. Geología

Respecto a la geología podemos distinguir dos grandes periodos: el **Arcaico** (4600- 2500 millones de años), que se caracteriza por prevalecer los procesos matemáticos, y el **Proterozoico** (2500-570 millones de años), que se caracteriza porque en este periodo comienzan a tener importancia los procesos sedimentarios.

2.1.1. Arcaico

Este período abarca unos 2100 millones de años, desde el origen de la Tierra (hace unos 4600 millones de años) hasta los 2500 millones de años. De este período son el 3% en las rocas de la superficie terrestre, aunque abarca el 45% del tiempo de la historia de la Tierra. Al principio existían océanos de magma, y poco a poco se fue formando la astenosfera. Hace aproximadamente 3900 millones de años debía existir un intenso bombardeo de meteoritos; esto se conoce como periodo Hádico ("infierno de la Tierra"). Las espacio zonas ricas en potasio formaría granito, mientras las zonas con impurezas de circonio formarían circón, que son los minerales más antiguos conocidos. Se pueden diferenciar dos tipos de terrenos arcaicos:

- **Terrenos de metamorfismo intenso**. Se producen gneises procedentes de rocas plutónicas intermedias y ácidas. También existen tonalitas y granitos de edades posteriores que fueron refundidos en periodos posteriores y que forman el 30 al 85% de la corteza continental actual.

- **Terrenos de metamorfismo ligero**. Este tipo de metamorfismo forma los *cinturones verdes*, con abundancia en esquistos verdes. También existen rocas volcánicas: komatiitas (las ultrabásicas), rocas de origen toleítico y calcoalcalino. Las rocas sedimentarias son poco abundantes y puede ser de dos tipos: de facies profundas (turbiditas tipo flysch), o de facies somera (conglomerados principalmente).

Estas rocas han sufrido diferentes fases del plegamiento en la historia geológica posterior. Por este motivo las vamos a encontrar muy transformadas a la forma de como se originaron inicialmente.

2.1.2. Proterozoico

El Proterozoico va de los 2500 millones de años a los 570 millones de años, aproximadamente. Se caracteriza por presentar una mayor concentración de rocas de origen segmentario asociadas a procesos de este tipo. También se produce una sustitución de rocas arcaicas por carbonato los y ortocuarcitas. Aún continúa a la deformación dúctil en los bordes continentales y existen grandes fracturas en su interior. Siguen existiendo gneises granulíticos y cinturones de rocas verdes, pero con algunas diferencias, como la mayor presencia de rocas sedimentarias y menor de rocas de origen volcánico, lo que indica que se formaron en condiciones mucho más estables. Los cinturones de rocas verdes no presentan komatiitas, o éstas son escasas. Todo esto nos lleva a deducir que la tierra presentaba una menor temperatura y que se estaban empezando a formar las plataformas continentales, donde se acumulará mucho del hierro segmentario de aquella época.

También son frecuentes en esta época las rocas igneas anorogénicas. Las cuencas sedimentarias poseen ya unas series parecidas a las actuales. Son frecuentes las capas rojas en ellas (cemento de óxido de hierro). Las deformaciones son frecuentes en los cinturones de rocas verdes y en los gneises granulíticos. También existen estructuras distensivas rellenas de sedimento. Hacia el final de esta época se forma **Pangea I**, también conocida como *Pannotia*.

2.2. Biología

Respecto a la biología, en el Arcaico se forman los primeros compuestos orgánicos. Hacia los 3800 millones de años se cree que existieron los primeros organismos fotosintéticos: algas procariotas espacio (se han encontrado fósiles de 3500 millones de años de antigüedad en Australia).

En el Proterozoico, encontramos la famosa fauna de Ediacara (nombre es debido a que se encuentran en grandes cantidades en las Ediacara Hills de Australia). Se trata de organismos pluricelulares con edades comprendidas entre 700 y 570 millones de años. Los organismos de Ediacara son seres marinos que vivieron a escasa profundidad. Al principio se les clasificó en grupos modernos, pero más tarde se vio que tenían características estructurales propias y que formarían un grupo aparte, aunque relacionados entre sí.

Hace unos 1400 millones de años aparecieron las células eucariotas y, con ellas, la reproducción sexual. Esto dio pie a una gran diversificación posterior. No obstante, hace entre 680 y 560 millones de años, tuvo lugar un declive brusco de la diversidad causado por una glaciación eocámbrica. Se cree que fue el periodo más frío de la historia de la Tierra.

2.3. Clima

Con referencia al clima, durante el Arcaico el Sol irradiaba entre un 30 y un 50% menos de energía que actualmente. Además, la Tierra arcaica tenía pocos continentes; esto haría que el albedo fuera escaso con lo que se absorbería mayor cantidad de energía solar. Por este motivo, junto con la aparente ausencia de glaciaciones durante el Arcaico, se cree que la temperatura de la tierra era sólo un poco más fría que la actual.

Durante el Proterozoico, en cambio, existen evidencias de dos glaciaciones, una hacia el principio y otra hacia el final del período, mucho mejor conocida (existen depósitos tillitas, pavimentos estriados, etc.).

3. ERA PRIMARIA (PALEOZOICO)

Este nuevo período abarca desde los 570 millones de años hasta los 250 millones de años, aproximadamente, lo que supone algo más de 300 millones de años. Esta era es el comienzo del Fanerozoico, que abarca hasta nuestros días. En este período, tiene lugar una gran radiación de los seres vivos, además de una serie de procesos geológicos que lo caracterizarán.

3.1. Geología

Al comienzo de este periodo, se produce la disgregación de Pangea I (este es el primer supercontinente reconocido internacionalmente). La disgregación de Pangea y el movimiento de de las diferentes placas, dará lugar a la colisión entre continentes lo que producirá un *orógeno* en cada colisión. Los mejores estudiados son los orógenos de Norteamérica y Europa occidental. Veamos los dos más importantes que de esta época:

- **Orógeno caledoniano.** Este orógeno se produjo por colisión entre América y Europa durante el Silúrico inferior y el Devónico. De él quedan restos en Noruega, Groenlandia, Estados Unidos (en los Apalaches) y en las Islas Británicas. Se produjeron gran cantidad de molasas de color rojizo, formadas por arenisca y carbonato cálcico como cemento), llamadas **areniscas rojas antiguas**.

- **Orógeno hercínico**. Este otro orógeno fue el más importante del Paleozoico, por ser el más influyente en la unificación de Pangea II. De él quedan restos en Europa, África y Norteamérica. Este orógeno, no obstante, sufrió un rejuvenecimiento posterior durante el orógeno alpino. Presenta rasgos alpinos (mantos de corrimiento) e himaláyicos (grandes pliegues y fallas de desgarre y gran cantidad de granito). Cuando el relieve de la cadena alcanzó su máximo desarrollo, la erosión fue muy importante y se depositaron nuevamente molasas, conocidas como **areniscas rojas nuevas**, durante el Pérmico y Triásico.

3.2. Biología

El aspecto biológico fue muy importante en esta época. Al comienzo de esta época se produce la **explosión cámbrica**: en relativamente poco tiempo, unos 60 millones de años, la vida se diversificó rápidamente, pasando de unas pocas formas relativamente sencillas a una gran cantidad de organismos bastante complejos. La fauna mejor conocida del Cámbrico es la de Burgess

Shale, en la Columbia Britanica (Canadá), con una edad de unos 540 millones de años.

Este yacimiento, como otros parecidos encontrados en Estados Unidos y China, nos demuestra que a mediados del Cámbrico la diversidad de la vida era asombrosa. Aparece en diferentes soluciones al problema del esqueleto; este pues el calcáreo (como los moluscos), fosfático (como en los braquiópodos) e, incluso, quitinoso (como en los trilobites). En general, encontramos tres grandes grupos de fauna marina en este periodo:

- **Cámbrico inferior**: entre los 570-550 millones de años existe gran cantidad de moluscos, esponjas y otros organismos de difícil clasificación. Surge la primera jaula con esqueleto, pero sin trilobites.

- **Cámbrico superior**: aparecen los trilobites.

- **Ordovícico**: Se produce una gran radiación marina debida, posiblemente a que los mares fueron más transgresivos, con lo que aumentaría la cantidad de plataforma continental.

A lo largo del Paleozoico, también van apareciendo otros grupos de organismos: euriptéridos, ammonoideos, peces, graptolitos, equínidos, briozoos, plantas vasculares, anfibios, insectos, reptiles, gimnospermas, coníferas, cicadales... En el Devónico superior se produjo una gran extinción (375-350 millones de años atrás); esto ocasionó el descenso de organismos de agua dulce, braquiópodos, trilobites, estromatopóridos... No obstante, mucho más importante fue la extinción que se produjo en Pérmico, en el que el número de familias se redujo un 30%, desapareciendo además los trilobites, euriptéridos, corales rugosos, etc.

3.3. Clima

El clima también tuvo grandes variaciones en este periodo. Tras la glaciación eocámbrica, el clima mejoró durante el Cámbrico, que era incluso más cálido que el actual. En esos ambientes se produjo la deposición de calizas, principalmente de origen arrecifal. Al final del Ordovícico y a principios del Silúrico, hubo una glaciación que afectó, sobre todo, al norte de África.

En el Carbonífero, por el contrario, se produjo un nuevo enfriamiento del planeta, que condujo a una nueva glaciación. No obstante, el clima no se debió acentuar tanto ya que en esta época se produjo la deposición de la mayor parte de yacimientos de carbón que conocemos hoy día.

En el Pérmico superior la glaciación cedió y el clima se hizo más árido. En esta época se produjeron los mayores depósitos de sales en la historia de la Tierra. Así, hemos de pensar en el Pérmico como un período con climas extremos: por una parte casquetes glaciares en los polos, y por otra, un infierno ecuatorial que fue la causa de las grandes extensiones de la época.

4. ERA SECUNDARIA (MESOZOICO)

Este periodo abarca desde los 250 millones de años hasta los 65 millones de años, es decir, unos 185 millones de años de la historia de nuestro planeta. Entre los aspectos más importantes de este período encontramos la formación de nuevos orógenos, los dinosaurios y la existencia de un clima bastante cálido.

4.1. Geología

En este período se comienza a dispersar Pangea II, 50 millones de años después de haberse formado. En este periodo se forman parte de las cordilleras americanas por sucesivas colisiones de litosferoclastos; también se forman los Alpes por colisión de microplacas, la cordillera del Himalaya por colisiones entre continentes y los Andes por subducción de placas.

Los continentes llevan en sus bordes las huellas de la separación en forma de grandes diques basálticos como podemos observar, por ejemplo, en la Calzada de los Gigantes en Irlanda del Norte. Durante la ruptura de Pangea, el océano primitivo llamado Pantalasa, se reduce para formar el Pacífico, y el mar de Tetis también lo hace para formar el Mediterráneo. Al mismo tiempo, también nace el Atlántico y el Índico. Con estos movimientos de continentes, las corrientes oceánicas globales se vieron afectadas, lo que tuvo como consecuencia un descenso de la temperatura global del planeta.

Durante este período se formaron las **cadenas alpínicas**. En sentido amplio, la cordillera alpina comprende desde el oeste de Marruecos hasta Irán. Su origen se debe a la interacción de varias microplacas. No obstante, en sentido estricto los Alpes comprenderían la zona central, es decir, Suiza Austria Italia y Francia. Estas cadenas contienen dos orógenos dos superpuestos, uno llamado **cimérico**, del Triásico y Jurásico, y otro llamado **alpino**, del Mioceno. En este proceso también se elevaron algunos bloques antiguos como la Cordillera Ibérica y el Sistema Central en la península ibérica.

En otras partes del mundo se formaron el Himalaya, las cordilleras norteamericanas costeras (Sierra Nevada y las Rocosas) y los Andes.

4.2. Biología

Cuando comienza la ruptura de Pangea II, se crearon gran cantidad de hábitats nuevos. Por esta razón se produjo lo que algunos autores llaman la "revolución marina mesozoica": se produzco una rápida diversificación de la fauna marina (equinoideos, moluscos, crustáceos, peces, microplancton...).

No obstante, al final del Mesozoico se produce una renovación de la fauna marina. También desaparecen grupos característicos de este periodo, como son los amonites y los belemnites.

En el continente se desarrolló la endodermia en aves y mamíferos, se produjeron nuevos modelos de cadera en reptiles, más eficaces para la carrera. Aquí encontramos la fábula más espectacular de reptiles y dinosaurios; de una rama de ellos surgieron las aves. Predominaron las angiospermas, sobre todo en el Cretácico superior. Junto a ellas también tuvo lugar la radiación de los insectos polinizadores.

4.3. Clima

Con respecto al clima, este período fue bastante cálido, sin apenas casquetes y con zonas templadas que llegaban a altas latitudes. Este hecho, pudo deberse a la existencia de unas supercorrientes ecuatoriales del Triásico y Cretácico, junto a la presencia de mares más transgresivos. Estos dos hechos propiciaron la solución y distribución de calor. No obstante, también pudo influir la acción de dorsales que pudieron provocar un incremento en el efecto invernadero.

5. ERA TERCIARIA Y CUATERNARIA (CENOZOICO)

Este último gran período de la historia nuestro planeta abarca desde los 65 millones de años hasta la actualidad. Viene caracterizado por la presencia de glaciaciones que se irán alternando con períodos más cálidos. Estos procesos condicionarán el clima y la biología de muchas zonas, que llegarán hasta nuestros días.

5.1. Geología

En proceso más característico de este periodo es que se produce la erosión de las cadenas alpinas. Esto dará lugar a la formación de masas más recientes. Se formarán las fosas tectónicas africanas: la de África Oriental, de unos 2000 kilómetros de longitud, y la de Camerún, de unos 3000 kilómetros.

5.2. Biología

Tras la desaparición de los grandes reptiles mesozoicos, quedaron vacíos una gran cantidad de nichos que son ocupados por las nuevas formas de vida más modernas, como los mamíferos y las aves. También los peces sufren una nueva radiación. En este período se produce el origen de las ballenas y el resto de mamíferos marinos, así como de otros muchos grupos actuales.

5.3. Clima

Con referencia al clima, los 10 primeros millones de años del Terciario permaneció el clima cálido del Mesozoico. Pero hace unos 40 millones de años, el clima comienza a empeorar por la aparición de corrientes frías de fondo que emite en agua fría profunda desde las zonas polares al ecuador. En este momento entramos en la glaciación clásica: los glaciares han avanzado y retrocedido al ritmo de las variaciones orbitales de la Tierra, dejando rastros detectables a su paso (morrenas, tillitas, etc.). Los últimos periodos glaciares registrados han sido (para Europa):

-   **Donau**: hace 1,6 - 1,5 millones de años.

-   **Gunz**: entre 1 - 0,9 millones de años atrás.

-   **Mindel**: entre 0,5 y 0,4 millones de años.

-   **Riss**: entre 60.000 y 30.000 millones de años.

- **Wurm**: entre 20.000 y 10.000 millones de años. En este periodo se distingue un momento más antiguo llamado *Dryas antiguo*, y otro más moderno llamado *Dryas reciente*.

En Dryas reciente se cree que fue causado por la fusión de agua masiva en el casquete polar norte. Este agua dulce vertida en el océano aumentaría el punto de congelación del agua marina, con lo que la guasa congelaría antes. Con esto, el albedo aumentaría y la temperatura de la atmósfera disminuiría, con lo que se produjo la una nueva glaciación.

6. LOS CINCO REINOS EN EL REGISTRO FÓSIL

En puntos anteriores hemos ido viendo cómo los diferentes grupos de organismos están representados en el registro histórico de la Tierra. No obstante, en este apartado nos centraremos en el estudio de cada uno de los reinos por separado viendo cuando nació, cuando desaparecieron y cómo ha sido su evolución a lo largo del tiempo.

6.1. Reino moneras

El reino moneras está compuestos por organismos unicelulares procariotas, o sea, sin núcleo. Fue el primer reino que apareció en el registro fósil. Encontramos fósiles ya en el comienzo del Arcaico, hace unos 3800 millones de años. No obstante, se cree que ya habitaban la Tierra unos 200 millones de años antes. Los restos fósiles son **estromatolitos**, que son colonias de cianobacterias que formaban depósitos calcáreos.

Estos primeros organismos formaron formas más complejas, como los heterocistes, hace unos 2800 millones de años. Vemos, no obstante, que pese a la simplicidad de estos primeros organismos, su evolución fue muy lenta en las primeras etapas de la vida.

6.2. Reino protistas

Se trata de organismos eucariotas unicelulares, aunque algunas formas más complejas pueden agregarse formando pseudotejidos. El núcleo aparece por primera vez en el registro fósil hace unos 1500 millones de años.

Más adelante, ya en el Fanerozoico, se desarrollan gran cantidad de especies de plancton como foraminíferos (de esqueleto calcáreo), diatomeas y radiolarios (estos dos últimos con esqueleto silíceo).

6.3. Reino hongos

Los hongos están poco representados en el registro fósil. Esto se debe a que son organismos formados enteramente por estructuras blandas, difíciles de que fosilicen. No obstante, se conocen algunos hongos fósiles y del Precámbrico; además, también se van encontrando esporádicamente en el resto del registro y en condiciones de fosilización muy especiales.

6.4. Reino plantas

Este grupo se origina a partir de un grupo de algas eucariotas, los clorófitos. Aparecieron recientemente (en tiempo geológico), hace unos 500 millones de años, en el Cámbrico. Los primeros grupos más simples, como los Pteridófitos, formaron los grandes bosques del Carbonífero, que conllevaron a la producción de la mayor parte del carbón que encontramos hoy día.

En el Mesozoico aparecieron las semillas con las Gimnospermas, que relevó la flora de la época. Posteriormente, al final de este periodo, aparecieron las Angiospermas. La presencia de flor y semillas protegidas les dieron una gran ventaja evolutiva y volvieron a sustituir la flora de gimnospermas que dominaban la Tierra hasta el momento. A ellas vendrá asociada la evolución de los insectos polinizadores y diseminadores de semillas.

Los grupos extintos de plantas los estudia una rama de la Geología llamada Paleobotánica.

6.5. Reino metazoos

Los animales, propiamente dicho. Este grupo aparece hace unos 1000 años, en el Precámbrico. Se conocen, más que fósiles directos, restos de su actividad como movimientos, pellas fecales, etc. Algunos autores, más estrictos, reconocen, no obstante, que los primeros organismos pluricelulares con verdaderos tejidos son los de la fauna de Ediacara. Por otra parte, cabe decir que esta fauna no tiene una continuidad en el registro fósil: serían como "experimentos" fallidos de la evolución. Otros autores creen que se trataba de protistas muy evolucionados, pero que cogieron un camino erróneo para incrementar de tamaño.

A partir de los 570 millones de años, en pleno Cámbrico, en el registro fósil aparecen restos de fósiles de filos conocidos actualmente: braquiópodos, artrópodos, crinoideos, equinodermos, poríferos, anélidos, moluscos, cordados... En conclusión, en unos 100 millones de años se completan la totalidad de filos conocidos en la actualidad. Unas decenas de años después, los artrópodos se adaptaron al medio aéreo (los insectos).

Así, en le Paleozoico se generan todas la mayoría de formas de vida que conocemos actualmente y en los años posteriores, simplemente, lo que va pasando es que las nuevas estructuras van cambiando, se van perfeccionando y adaptando a los nuevos ambientes que van surgiendo.

Los Metazoos ha sido el grupo que más lejos ha llegado en cuanto a adaptación, pero también el que más ha sufrido las grandes extinciones que han habido en todas las épocas. Ejemplo de ello lo tenemos en los dinosaurios, un grupo que ha llamado la atención de mucha gente, tanto por las formas, tamaños y adaptaciones que presentaban, como por su misteriosa desaparición.

El estudio de la evolución de todos estos grupos nos da pie para generar muchas preguntas al respecto, y nos abre la posibilidad de muchos campos de estudio que tendrán que ir desvelando secretos, poco a poco, del pasado de nuestro planeta.

7. CONCLUSIÓN

En el desarrollo de este tema hemos visto que la historia de la Tierra está muy relacionada con la historia de la vida.

Este fenómeno de la evolución de la Tierra y de la vida ha despertado en gran medida la curiosidad del hombre de todos los tiempos. El estudio de estos temas nos da una visión más amplia del concepto del tiempo y de los acontecimientos biológicos y geológicos que tienen lugar sobre el planeta.

Adquirir nuevos conocimientos sobre este campo nunca dejará de sorprender nuestra curiosidad.

Bibliografía útil:

AGUEDA, J. y otros (1983) "Geología", Ed. Rueda.

ANGUITA, F. (1988) "Origen e historia de la Tierra", Ed. Rueda.

AMOROS, J.L. y otros (1991) "Geología", Ed. Anaya.

BUSBEY, A.B. y otros (1997) "Rocas y fósiles", Ed. Planeta.

HALLAM, A. (1985) "Grandes controversias geológicas", Ed. Labor.

LILLO, J. y otros (1982) "Geología", Ed. Ecir.

MELÉNDEZ, B y FUSTER, J. (2001) "Geología", Ed. Paraninfo.

MELÉNDEZ, B y FUSTER, J. (1982) "Paleontología", Ed. Paraninfo.

STRAHLER, A. (1997) "Geología física", Ed. Omega.

TEJADA, G. (1994) "Vocabulario geomorfológico", Ed. Akal.

TEMA 20

LA INVESTIGACIÓN GEOLÓGICA Y SUS
MÉTODOS. FUNDAMENTOS Y UTILIDAD DE LA
FOTOGRAFÍA AÉREA, EL MAPA TOPOGRÁFICO
Y EL MAPA GEOLÓGICO. IMPORTANCIA DE LA
GEOLOGÍA EN LA BÚSQUEDA DE RECURSOS Y
EN LAS OBRAS PÚBLICAS.

0. INTRODUCCIÓN

La Geología utiliza una metodología y unas técnicas propias adecuadas a los fines que persigue. Estas técnicas pueden ser, a su vez, aplicadas a la búsqueda de nuevos yacimientos, conocer la estructura del suelo, etc.

Son multitudes las herramientas que utiliza la Geología y las aplicaciones que se pueden llevar a cabo con ellas. En este tema veremos más que una pequeña muestra de las más características.

Como pasa en todas las ciencias, un aspecto muy importante a tener en cuenta es la aplicación que puedan tener, a corto o largo plazo, sus estudios. También la Geología, en su vertiente práctica, es de gran utilidad para el conocimiento de nuestro entorno y para nuestra propia adaptación y mejor aprovechamiento de los recursos que éste nos brinda.

Para la exposición de este tema seguiré el siguiente orden...

(...es muy conveniente exponer con claridad, aquí al principio, el orden que se va a seguir, leer el índice de una forma ágil)

1

1. LA METODOLOGÍA EN GEOLOGÍA

La Geología es una ciencia que utiliza unos métodos de investigación que son propios, en muchos casos, de otras ciencias. Esto es debido a que los estudios en esta ciencia son muy complejos y necesita de metodología, instrumentos y herramientas apropiados para cada estudio concreto.

En este primer apartado vamos a estudiar algunos de los principales métodos que viene utilizando la Geología. Como hemos comentado, muchos están basados en conocimientos de ciencias muy diversas, y esto haría imposible un estudio pormenorizado de cada uno de ellos. No obstante, intentaremos destacar las ideas más importantes de cada uno de ellos.

Los métodos los dividiremos en dos grupos: métodos o estudios de laboratorio y de campo.

1.1. Estudios de campo

Uno de los primeros pasos que se han de dar para realizar un estudio en geología, son los estudios de campo. En este tipo de trabajos, se traslada cierto tipo de material a la zona de estudio elegida, puesto que el caso contrario sería más complicado. Estudiaremos siete métodos de los más usados.

1.1.1. Sondeos

Los sondeos consisten en extraer material del interior de la Tierra para su estudios posterior, o bien para conocer la estructura de las capas del suelo, si hay presencia de yacimientos, etc. Existen diversos tipos, y se utilizará uno u otro dependiendo del tipo de roca a perforar, la profundidad a la que queramos llegar...

Los **sondeos por percusión mecánica** se utilizan cuando la roca a perforar presenta una alta porosidad; generalmente, se usan para la extracción de agua. Los **sondeos pirotécnicos** son bastante destructivos, y se utilizan para explorar capas superficiales del terreno y en un área relativamente pequeña, que no tengan mucha importancia paisajística, urbana, agraria...

Los **sondeos por rotación** son los más comunes en geología. Se vienen utilizando en la realización de pozos de gran profundidad, como los petrolíferos. En ellos existe un cabeza, llamado tricono o trépano que gira y va desgastando la roca. La piedra molida es subida a la superficie por un sistema de varillas. Este método permite la extracción de **testigos**, que permiten reconstruir la columna estratigráfica del suelo. Este método también permite la introducción de cámaras para observar las capas inferiores del terreno.

1.1.2. Métodos gravimétricos

Este método, y los que siguen a continuación, se basan el estudio de posibles diferencias encontradas entre los valores teóricos esperados y los valores reales obtenidos en el campo. Esto se conoce como **anomalía geofísica**. Estas anomalías son consecuencia de la presencia de determinados minerales en profundidad, de estructuración de las capas del terreno de una forma determinada, etc.

Los métodos gravimétricos se basan en el estudio de la gravedad y de las posibles alteraciones que se puedan encontrar en el campo, conocidas como **anomalías gravimétricas**. Para medir con exactitud la intensidad del campo magnético se utilizan los miligales (1 miligal equivale a 1 cm/s^2). La presencia de un cuerpo más pesado en profundidad puede hacer que el campo magnético sea mayor del esperado, y al contrario si el cuerpo es más ligero. Este método es útil para la prospección de yacimientos de metales o sales.

1.1.3. Métodos magnéticos

Este tipo de métodos se basa en la detección de minerales ferromagnéticos como la magnetita, pirrotina o la ilmenita. Para su detección se utilizan **magnetómetros**. El campo magnético se mide en gauss. A partir de los datos de campo obtenidos en diferentes puntos del terreno se pueden elaborar mapas de anomalías magnéticas. No obstante, la detección e interpretación de las anomalías magnéticas no siempre es fácil por la distorsión que produce el campo magnético terrestre. Para minimizarlo, se suelen colocar los magnetómetros en la cola de un avión.

1.1.4. Métodos eléctricos

Algunos minerales poseen corrientes eléctricas naturales; a otros se les pueden inducir por medio de corrientes eléctricas artificiales, creando una **polarización espontánea**. Los métodos eléctricos utilizan estas características para detectar ciertos minerales. Por ejemplo, un filón de de sulfuros puede crear un cierto campo eléctrico, cuyo valor será máximo cuando nos encontremos sobre él.

Otro método afín a este es el **estudio de las resistividades**. Se basa en la diferente resistencia que ofrecen los distintos materiales al paso de una corriente eléctrica. Sería lo opuesto a la conductividad, y se mide en **ohmios**. Para el estudio de resistividades de una zona, se colocan varios electrodos en el suelo en línea recta; en uno de ellos se introduce una corriente y se mide lo que llega a los otros. Este método es muy utilizado para descubrir aguas subterráneas, petróleo, menas metálicas, domos salinos, fallas, etc.

1.1.5. Métodos sísmicos

Estos métodos se basan en el estudio de la refracción y reflexión de ondas. A partir de la velocidad de viaje de las ondas y del retraso producido en el viaje de éstas, se puede calcular la profundidad a la que se encuentra la superficie límite entre dos capas.

Estos métodos son útiles para localizar trampas petrolíferas, el espesor de capas de hielo (en el Antártico), en obras públicas (espesor de rocas sueltas, por ejemplo), etc.

1.1.6. Métodos geotérmicos

Estos métodos se basan en el estudio de anomalías térmicas positivas, es decir, lugares de la superficie donde la Tierra emite más calor de lo esperado. Esto nos da idea de la posible existencia de energía geotérmica, corrientes de aguas subterráneas, niveles arcillosos (con baja conductividad térmica), etc.

1.1.7. Métodos radiactivos

Se basan en el estudio de emanaciones radiactivas por parte de materiales con estas propiedades. Se utilizan contadores especiales, como el contador Geiger-Müller. Son útiles para la detección de posibles menas de materiales radiactivos de interés económico.

1.2. Estudios de laboratorio

Estos estudios se realizan una vez realizado el trabajo de campo, a partir del material recolectado. Son útiles para la utilización de instrumentos difíciles (o imposibles) de transportar al campo, o bien para indagar aún más sobre algunas de las características del material que estamos estudiando. Entre los métodos más utilizados destacamos:

- **Microscopio**. Para el estudio de muestras del terreno es muy útil la utilización del **microscopio petrográfico**. Éste es un microscopio especialmente utilizado para la observación de preparaciones en lámina fina de rocas. También puede ser útil, en ocasiones, la utilización de lupas y de estereoscopios para la interpretación de imágenes, así como la utilización de microscopios especiales como los de luz polarizada.

- **Métodos físicos**. El objetivo de estos métodos es la determinación de las propiedades físicas de las rocas y minerales objeto de estudio. Los que más se utilizan son los *métodos radiactivos*, para la determinación de materiales radiactivos, *rayos X*, para el estudio de la estructura cristalina, *yunques de diamante*, para comprobar la dureza de las rocas, estudios de porosidad, permeabilidad, alterabilidad de las rocas, etc.

- **Métodos químicos**. Estos métodos se utilizan para descubrir las propiedades químicas de las muestras. Se usan mucho los análisis químicos, espectrofotométricos, entre otros.

2. CARTOGRAFÍA

En este apartado veremos unos cuantos aspectos de la metodología geológica basados en la elaboración de representaciones del terreno. Éstas serán muy útiles para la compilación de datos obtenidos por medio de las observaciones de campo.

2.1. El mapa topográfico

El mapa topográfico es una de las herramientas más utilizadas en los estudios geológicos. Es la base de otras formas de representación del relieve que veremos más adelante.

Un mapa topográfico es una *representación selectiva y a escala de una determinada superficie de la Tierra sobre un plano*. Para su interpretación, se utiliza la **escala**, que es la relación que existe entre una distancia en el plano y en la realidad. La escala puede ser *numérica* (1:50.000, por ejemplo) o *gráfica*, mediante un segmento que indica cuántos kilómetros, metros... equivale en el mapa.

Un mapa topográfico también localiza la superficie que representa en el globo terráqueo. Para ello, se utiliza la longitud y latitud. Mediante estas coordenadas, cualquier punto puede ser situado en la Tierra. La **longitud** geográfica es el ángulo que forma el plano de un meridiano con el de meridiano 0° o meridiano de Greenwich; va de 0° a 180° y puede ser longitud este u oeste. La **latitud** geográfica es el ángulo que existe entre un punto cualquiera y el ecuador; la latitud oscila entre 0° y 90° y puede ser norte o sur. Para ver un ejemplo, Madrid se encuentra a 40° 23' de latitud norte y a 3° 43' de longitud oeste.

El mapa topográfico también se caracteriza por una serie de elementos como **altitud**. Ésta se representa mediante **curvas de nivel**, que son planos equidistantes que cortan el relieve y que se proyectan sobre el plano. También se representa la **pendiente**, que es el desnivel que existe entre dos puntos, y se expresa en grados o en %. Otros elementos que comúnmente vienen representados en un mapa topográfico son:

- Ríos, lagos, tipos de vegetación...

- Ciudades, monumentos, cultivos, carreteras y otras vías de comunicación.

- Límites de municipios, provincias y países.

Unos de los mapas topográficos más conocidos en nuestro país es el *Mapa Topográfico Nacional*, elaborado por el Instituto Geográfico Nacional junto con el Servicio Cartográfico del Ejército.

2.2. El mapa geológico

El mapa geológico es un tipo de representación que se basa en el mapa topográfico. Sobre él se representan los rasgos litológicos y estructurales de una región, así como su desarrollo en profundidad.

Para su elaboración, se buscan afloramientos en escarpes, acantilados, trincheras, obras de ingeniería, etc. También es útil la utilización de fotografías aéreas. Se utilizan símbolos convencionales para indicar el buzamiento, la dirección de las capas, la constitución geológica, presencia de fósiles... que hacen posible un rápido reconocimiento e interpretación de las circunstancias geológicas de la zona representada.

Este mapa también puede contener *cortes geológicos* ideales que se relacionan con las **columnas estratigráficas** obtenidas que son, a su vez, la leyenda que sintetiza la sucesión cronológica de todos los materiales.

La precisión del mapa y el grado de detalle que se le de dependerá, no obstante, de los objetivos que se pretendan cubrir con él. Frecuentemente, el mapa geológico suele ir acompañado por una memoria explicativa, que da una información más detallada de la geología de la región.

2.3. La fotografía aérea

El estudio mediante la toma de fotografías en altura genera lo que conoce como **cartografía aérea**. Las fotografías aéreas se suelen tomar, comúnmente, mediante aviones especializados que realizan un recorrido por una zona determinada. Las fotografías que se obtienen pueden ser verticales, o bien, con distinto grado de oblicuidad. Esto nos posibilitará la obtención de medidas; esta técnica se conoce como **fotogrametría aérea**.

Para hacer un levantamiento regional por medio de fotografías aéreas, el avión realiza trayectorias paralelas haciendo fotos con un 30% de superposición de unas con respecto a otras; esto recibe el nombre de *recubrimiento*. Las fotografías obtenidas se pueden utilizar por separado, o bien se pueden construir a partir de ellas *fotomapas* o *fotomosaicos*. Si se toman dos imágenes de un mismo objeto pero tomadas desde dos puntos de vista ligeramente diferentes, resulta un efecto en tres dimensiones o estereoscópico, que puede ser fácilmente visualizado mediante un **estereoscopio**.

La fotografía aérea tiene mucha utilidad en campos como la ingeniería civil, ingeniería militar, planificación del territorio, agricultura, control de inundaciones, arqueología, etc. Nos da, por así decirlo, una "vista de pájaro" de las formas del terreno, su distribución, la relación que existe de unas con otras, posición de los pliegues, fallas, ciudades, cultivos... También nos permiten alcanzar y estudiar zonas de difícil acceso.

2.4. Teledetección

La teledetección es un método de reciente constitución que se basa en el estudio de objetos que se encuentran a una cierta distancia del observador. La obtención de datos se realiza mediante un sensor que no está en contacto directo con el objeto, y que puede ser un barco, un satélite, un avión... Se utilizan métodos electromagnéticos, subsónicos (SONAR), etc. La teledetección puede ser **activa**, que consiste en la emisión de ondas y en observar la variación que se ha producido en ellas, o bien **pasiva**, que se basa en el estudio de las ondas generadas por el explorador.

En la teledetección intervienen diversos elementos:

- Una fuente de energía (las ondas, que pueden ser de distintos tipos).

- Un medio de transmisión (el aire, agua...).

- El objeto a estudiar, que emite ondas o las deforma.

- Un sensor, que capta y registra la información.

- Un registro, que es el conjunto de datos registrados sobre un soporte estable (fotografía...).

- Plataforma de sujeción del sensor (satélite, avión, barco, helicóptero...).

Un método de teledetección que ha adquirido mucha importancia en los últimos años es la detección por medio de **satélites**. La información obtenida de ellas es de gran importancia, ya que recubren grandes extensiones de la superficie terrestre. Los satélites pueden ser **heliosíncronos**, es decir, que pasan sobre el mismo punto de la Tierra cada cierto tiempo, o **geoestacionarios**, o sea, que se mantienen sobre un mismo punto de la Tierra o, visto desde otro punto de vista, que se mueve a una velocidad igual a la velocidad de rotación de la Tierra. Los sistemas de observación por satélite se pueden basar en tres métodos:

- Detección de la energía reflejada por la superficie terrestre. Obtiene imágenes en la banda visible e infrarrojo, es de tipo pasivo y solamente puede obtener imágenes de día.

- Detección de la energía emitida por la superficie terrestre. Obtiene imágenes en la banda del infrarrojo lejano, asociadas a las emisiones de calor de la Tierra. Puede tomar imágenes tanto de día como de noche. Se trata de un método pasivo.

- Detección de la energía emitida por un radar desde el satélite. Las ondas de radar atraviesan cuerpos de agua y gases, por lo que las imágenes se pueden tomar tanto de día como de noche, e independientemente de las condiciones atmosféricas existentes. Este método es de tipo activo.

3. GEOLOGÍA Y RECURSOS NATURALES

Muchos de los estudios que se realizan en geología tienen como fin una aplicación práctica. En este apartado veremos la utilización de algunas de las herramientas de las que dispone esta ciencia para la prospección, estudio y extracción de recursos naturales.

A lo largo de millones de años, los procesos geológicos han ido creando y concentrando los recursos que ahora encontramos. Algunos de ellos no pueden regenerarse a la velocidad que los consumimos, y por eso se llaman **recursos no renovables**; otros, en cambio, sí que se pueden renovar a una velocidad más o menos rápida, y se llaman **recursos renovables**. Veamos algunos de los más importantes.

3.1. Yacimientos minerales

Los yacimientos de minerales que encontramos pueden ser de distintos tipos:

- **Yacimientos residuales**. Son yacimientos que se han formado en climas cálidos y húmedos. En estas condiciones se generan acumulaciones importantes de hierro, aluminio, níquel, magnesio y cobalto, por decir algunos de los más comunes. Muchos de ellos se encuentran en horizontes del suelo formando las **lateritas**. Este tipo de yacimientos, por ejemplo, son las principales fuentes de algunos elementos como el aluminio.

- **Yacimientos sedimentarios**. Algunos ambientes sedimentarios son capaces de generar rocas y minerales de interés económico, ya sea por procesos de precipitación o de acumulación. Este es el caso de las **salmueras**, que son aguas con abundante concentración de cobre, plomo y zinc, entre otros. En los océanos es frecuente la formación de **nódulos esféricos**, que son ricos en manganeso, principalmente, pero también en hierro, cobre, cobalto, etc. Los **placeres** son concentraciones de minerales en cursos de agua, principalmente silicatos. Las principales reservas de fosfatos también son de origen sedimentarios, la inmensa mayoría de ellas acumuladas debido a desechos generados por los seres vivos (excrementos, esqueletos...).

- **Yacimientos magmáticos e hidrotermales**. Este tipo de yacimientos están asociados a procesos geológicos internos, como son los volcanes o las intrusiones de magma entre las capas de roca. Pueden formarse por *segregación* (separación) durante el ascenso del magma; también lo puede hacer por impregnación de la roca circundante, llamándose entonces *yacimientos neumatolíticos*; finalmente, también pueden ser de tipo hidrotermal, formados como *sublimados* contenidos en el agua que se escapa de la roca fundida y se cuela por las brechas existentes entre la roca. Los minerales más típicos de estos yacimientos son los sulfuros como la galena o el cinabrio, magnetita, cromita, platino, etc.

- **Rocas**. Las rocas, de por sí, también son muy útiles en construcción, ornamentación, acabados de casas y callas, etc. Pueden ser de naturaleza diversa, aunque suelen ser normalmente de origen sedimentario, como son las arcillas, limos, arenas, calizas, yesos... pero también pueden ser ígneas o metamórficas. Muchas veces, la utilización de uno u otro tipo dependerá de la facilidad de obtención (roca más abundante de la zona, cercanía, precio, transporte...).

3.2. Combustibles fósiles

Los combustibles fósiles se han formado por la acumulación de restos de organismos en cuencas sedimentarias y que no han sido descompuestos totalmente. Los más representativos son el carbón, el petróleo y el gas natural, conocidos todos ellos como energías fósiles. Se consideran energías no renovables.

- **Carbón**. Se forma a partir de restos de vegetales que han sido transformados por bacterias en condiciones anaeróbicas. Estos restos ha sufrido varios procesos como el de deshidratación, compactación y un aumento de la temperatura. Existen varios tipos de carbón, según la edad y la riqueza en carbono que tengan; de menor a mayor (o de más recientes a más antiguos) son: **turba** → **lignito** → **hulla** → **antracita**.

- **Petróleo**. Se forma por la acumulación de restos de organismos planctónicos, generalmente de origen marino. Éstos se van depositando junto a capas de sedimento, donde sufren un maduración (incremento de temperatura, concentración...). Más tarde el petróleo sufre una migración y queda atrapado en **trampas petrolíferas**. En estas condiciones es extraído mediante bombeo. Las reservas de petróleo son escasas y su consumo muy elevado, por lo que se considera como una de las energías fósiles que más problemas y controversias está generando hoy día, y cuyo futuro es muy incierto.

- **Gas natural**. Este gas se genera en las mismas condiciones que el carbón y el petróleo. De hecho, sus yacimientos están relacionados a los anteriores. Es muy utilizado en los países modernos (cada vez más), pero también es cierto que gran parte de él se quema en las mismas explotaciones por ser difícil su almacenaje, transporte y distribución.

3.3. Hidrogeología

El agua también es un recurso importante estudiado por la Geología. Tres cuartas partes de la superficie de nuestro planeta está cubierta por agua, pero sólo una pequeña parte es agua dulce. El agua salada, la más abundante, es utilizada para obtener energía maremotriz, desalinizarla o extraer de ella las sales que contiene. En cambio, el agua dulce, la menos abundante, es la que más importancia tiene para el hombre. Además, tiene un problema añadido y es que no se encuentra uniformemente distribuida en el planeta. Se utiliza para beber, en la industria, agricultura, ganadería... Y se capta directamente de los ríos, mediante embalses, aguas subterráneas, etc.

3.4. Energías renovables

Este tipo de energía está teniendo un aumento actualmente, tanto en su producción como en su uso. Entre las más importantes destacamos:

- **Energía geotérmica**. Es la energía obtenida a partir del calor interno que emite la Tierra. Se trata de un tipo de energía que es independiente de los procesos geológicos externos. Se extrae en lugares con un alto gradiente geotérmico (cerca de dorsales, volacanes...).

- **Energía hidráulica y maremotriz**. Utiliza la energía potencial que contiene el agua. La hidráulica utiliza saltos de agua para transformar la energía potencial del agua en eléctrica, mientras que la maremotriz retiene en grandes presas el agua que es movida por la atracción gravitatoria del Sol y la Luna. La primera se obtiene en lugares donde hay desniveles importantes y una cierta cantidad de agua. La segunda, en zonas costeras donde las mareas son importantes.

- **Energía eólica**. Esta energía se obtiene a partir de la energía que lleva el aire en movimiento. Para su extracción se montan torres eólicas en lugares donde los vientos son abundantes. Un problema que genera este tipo de energía es el gran impacto visual que produce, ya que su rendimiento es bajo, en comparación con las estructuras que se han de montar para su aprovechamiento.

- **Energía solar**. Se obtiene a partir de la energía que irradia el Sol directamente. Su extracción se lleva a cabo en parques solares que contienen paneles especiales para su aprovechamiento.

- **Energía nuclear**. Este tipo de energía es aún una pequeña parte de la producción total de energía de nuestro país. Tuvo un importante auge a finales del siglo pasado, pero el problema de la eliminación de los residuos, el riesgo de los accidentes y los escapes ha hecho que se uso se haya moderado.

3.5. Los suelos como recurso

A parte de los yacimientos tradicionales, también podemos considerar entre ellos a los suelos. Éstos hemos de entenderlos como estructuras que han sufrido una evolución en un tiempo relativamente largo, por lo que se han de considerar como un recurso no renovable.

Son muy importantes para el ser humano, pues son la base de la agricultura, ganadería, los asentamientos humanos, la industria, las reservas forestales... Para su uso y conservación se ha de tener en cuenta el equilibrio existente entre su uso y su mantenimiento, así como la importancia que tienen las comunidades vegetales en su formación y continuidad.

4. GEOLOGÍA Y OBRAS PÚBLICAS

El geólogo tiene una gran importancia en la construcción de obras públicas. Esta vertiente de la Geología también se conoce como **Geotecnia**. El geólogo se encarga de sondeos y del estudio de la resistencia de los materiales, así como del análisis de ciertas evidencias que puede ir surgiendo durante el trabajo de campo.

En nuestro país, el papel del geólogo en obras públicas se resumiría en;

1) Es el encargado del levantamiento de la cartografía geológica de la zona donde se elabora la actuación. Estudia y determina la composición de las rocas, la estructura interna que presentan, los posibles efectos que esto pueda tener sobre las construcciones que se realicen, así como la acción de las aguas superficiales y subterráneas de la zona.

2) También ha de tomar muestras en el campo y realizar los estudios de laboratorio pertinentes. Se realizan estudios de resistencias, porosidad, permeabilidad y de las propiedades, en general, que presentan las rocas.

3) Si lo cree necesario, tendrá que realizar sondeos y tomar muestras a mayor profundidad, previendo posibles deformaciones de la roca una vez implantada la obra.

4) Finalmente, tendrá que realizar un informe y un mapa geotécnico de los estudios que ha realizado. Este informe tendrá que contener características del drenaje de la zona, la resistencia de los materiales, las posibles zonas más débiles o menos consistentes, zonas de infiltración, posibles deslizamientos de tierras y otros posibles fenómenos asociados según la zona donde se esté trabajando (fenómenos periglaciales, presencia de karst...).

A partir de toda esta recopilación de información, el director del proyecto podrá decidir sobre la posible corrección del trazado, tomar medidas de seguridad, tener en cuenta determinados aspectos del terreno para alteraciones futuras, etc.

En España, por ejemplo, un problema importante con que se encontrar los geólogos y constructores es la presencia de movimientos de tierra. Éstos son causa de las grandes pendientes que existen en nuestro país, lo que origina inestabilidades en los taludes, especialmente, cuando se excavan trincheras en ellos.

5. CONCLUSIÓN

Como hemos podido ir viendo en este tema, los métodos geológicos son de gran utilidad en su vertiente práctica. Tienen un gran valor científico pero, al mismo tiempo, tienen también una gran utilidad en otra ciencias, así como en trabajos multidisciplinares como los la búsqueda de recursos o las obras públicas.

Esto nos ha de hacer recapacitar sobre la labor que realizan los científicos, y en concreto los geólogos, pues de los estudios que realizan, aparentemente teóricos, obtenemos todos, finalmente, un beneficio práctico considerable y no siempre suficientemente valorado.

Bibliografía útil:

ANGUITA, F. (1988) "Origen e historia de la Tierra", Ed. Rueda.

AMOROS, J.L. y otros (1991) "Geología", Ed. Anaya.

BUSBEY, A.B. y otros (1997) "Rocas y fósiles", Ed. Planeta

GONZALEZ, S. (1996) "Guías metodológicas para la elaboración de estudios de impacto ambiental", Ed. Ministerio de Fomento.

LILLO, J. y otros (1982) "Geología", Ed. Ecir.

LILLO, J. y otros (1978) "Prácticas de geología", Ed. Ecir.

MELÉNDEZ, B y FUSTER, J. (2001) "Geología", Ed. Paraninfo.

STRAHLER, A. (1997) "Geología física", Ed. Omega.

TEJADA, G. (1994) "Vocabulario geomorfológico", Ed. Akal.